AF522786

Tracy und Jacob in Liebe,
dass ihr mich botanischen Freak ertragt

IN 80 PFLANZEN UM DIE WELT

Laurence King Verlag GmbH
Jablonskistraße 27, 10405 Berlin
www.laurencekingverlag.de

Laurence King Publishing
ist ein Imprint von
The Orion Publishing Group Ltd
Carmelite House, 50 Victoria Embankment
London EC4Y 0DZ

Ein Unternehmen von Hachette UK

Senior Editor: Andrew Roff
Gestaltung: Masumi Briozzo

Für die deutsche Ausgabe
Übersetzung:
Bettina Eschenhagen, Hildesheim
Lektorat: hauffe publishing, Dortmund
Satz: Igor Divis, Dortmund
Projektleitung:
hauffe publishing, Dortmund

ISBN: 978-3-96244-174-6
4. Auflage 2024
Gedruckt in Dubai

www.laurenceking.com
www.orionbooks.co.uk

Jonathan Drori ist Botschafter des Woodland Trust
woodlandtrust.org.uk

Jonathan Drori ist Botschafter des WWF-UK
wwf.org.uk

Der Laurence King Verlag setzt sich für eine ethische und nachhaltige Produktion ein.

IN 80 PFLANZEN UM DIE WELT

Jonathan Drori
Illustrationen von Lucille Clerc

Aus dem Englischen von Bettina Eschenhagen

Laurence King Verlag

Inhalt

Die Pflanzen

NORDEUROPA

SÜDEUROPA

ÖSTLICHER MITTELMEERRAUM UND NAHER OSTEN

AFRIKA

ZENTRAL- UND SÜDASIEN

OSTASIEN

SÜDOSTASIEN

OZEANIEN

SÜDAMERIKA

Einführung

Ich weiß noch, wie liebevoll meine Eltern Pflanzen beschrieben haben. Sie machten uns auf ihre Düfte, die Formen ihrer Früchte und Blüten, die Formen und Farben ihrer Blätter aufmerksam und wie diese sich im Wandel der Jahreszeiten anfühlen, erzählten uns aber auch Geschichten über ihr verborgenes Leben: ihre Merkmale und ihre Beziehungen untereinander, zu Tieren, Pilzen und uns Menschen. Ich liebte Geheimnisse, und obwohl meine Mutter keine professionelle Botanikerin war, lag immer eine Lupe in ihrer Handtasche, mit der sie winzige Details untersuchte und bestaunte. Ich erinnere mich auch, dass bei einem Museumsbesuch mit meinem Vater die fantastischen Muster, mit denen Blüten Insekten anlocken, mit UV-Licht sichtbar gemacht wurden. Beim Anblick dieses mit bloßem Auge nicht erkennbaren Wunders lachte ich vor Freude. Jahrzehnte später nahm ich als Kurator der Royal Botanic Gardens in Kew, des vielleicht artenreichsten Flecks der Erde, an mehreren Botanikexpeditionen teil – beglückende Erlebnisse, die mich zu dieser Reise um die Welt inspiriert haben. Später wurde ich Botschafter beziehungsweise Vorstandsmitglied mehrerer Umwelt- und Botanikorganisationen. Deren Mitarbeiter geben botanische Erkenntnisse gern weiter, und mir selbst ist die Bedeutung von Geschichten, in denen sich Wissenschaft mit Historie und Kultur verbindet, mehr denn je bewusst.

Die überbordende, oft bizarre Pflanzenwelt hat viel Faszinierendes zu bieten. Wen bezaubern die lotterigen Magnolien-, die edlen Lotus- oder die ebenso prächtigen wie unheimlichen Orchideenblüten nicht? Oder die verblüffenden Geschichten über Mais, Tomate und Kartoffel, über die wir scheinbar alles wissen? Oder der Einfallsreichtum, mit dem Pflanzen ihre Pollen, Sporen und Samen ausbreiten – die Apparate, mit denen sie sie in die Luft schleudern, und ihr Lohn für die Insekten und andere Tiere, die sie so zielgenau befördern? Manche Pflanzen revanchieren sich bei denen, die ihnen Dienste erweisen, andere simulieren und betrügen oder ködern, töten und vertilgen sie gar; da fällt es schwer, sie nicht zu vermenschlichen, und in nicht ganz klaren Momenten tue ich das manchmal auch.

Mich fasziniert die Botanik, aber noch lebendiger wird sie für mich, wenn sie mit der menschlichen Historie und Kultur verknüpft wird. Die meisten Geschichten in diesem Buch verraten genauso viel über Menschen wie über Pflanzen: die rührenden und verstörenden über Dieffenbachien, Schlafmohn und Pfauenstrauch; die merkwürdigen Traditionen um Kava-Kava, Greisenbart und Rhododendron; die seltsamen Arten, wie Männer und Frauen auf Alraune, Schokolade und sogar Wermut als Aphrodisiaka verfallen sind; nicht zu vergessen der ulkige Kürbis. Aber auch die unauffälligeren haben es in sich: Brennnessel, Seetang und Torfmoose, mit denen ich meine Reise in England, Schottland und Irland beginne, bevor ich – (grob!) angelehnt an die des Phileas Fogg in Jules Vernes Roman – von meinem Wohnort London Richtung Osten aufbreche.

Die vielleicht erstaunlichste Aktivität der Pflanzen ist die Fotosynthese: Sie nehmen die grundlegendsten Substanzen auf – Kohlendioxid aus der Luft, Wasser und relativ kleine Mengen Nährstoffe über ihre Wurzeln – und nutzen die Kraft des Sonnenlichts, um sie in komplexe Substanzen umzuwandeln, aus denen Holz, Gewebe, Blätter, Früchte und Samen entstehen: all das, worauf wir und alle anderen Lebewesen auf die eine oder andere Weise angewiesen sind. Ein Tier frisst entweder Pflanzen oder etwas, das Pflanzen frisst.

Pflanzen, Tiere, Pilze und noch die kleinste Kreatur hängen in ganz unterschiedlichen, komplexen Lebenssystemen voneinander ab. Doch wie bei dem Spiel Jenga, bei dem die Spieler Bausteine aus einem Turm nehmen, bis er wankt und in sich zusammenfällt, werden unsere Ökosysteme, wenn einzelne Arten gefährdet sind, fragil, bis ein weiterer Stoß sie kollabieren ließe. Doch obwohl unsere Zukunft von den Ökosystemen und ihren Wechselbeziehungen abhängt, bedrohen wir die Artenvielfalt mit unserem Konsum, der Landwirtschaft und dem Klimawandel.

Wie viel unsere Spezies verbraucht und wie sich das auf die Umwelt auswirkt, hat mit dem Bevölkerungswachstum zu tun, aber auch mit unserem Verhalten – mit der Menge an Gütern, die wir kaufen, und der Gewinnung und Verarbeitung ihrer Materialien; der Energie, die Individuen und Industrie verbrauchen, und unseren Arten des Reisens; den Bautechniken usw. Wenn die Auswirkungen des Klimawandels endlich allen schmerzlich bewusst geworden sind, wird es zu spät sein. Ausreichend Anreize vorausgesetzt, liegen die notwendigen Anpassungen auf der Hand, und viele Lösungen sind entweder bekannt oder könnten entwickelt werden. Solche Anreize erfordern allerdings entschlossene Regierungen, die willens sind, eine CO_2-Steuer zu erheben, grüne Technologien zu subventionieren und manche Produkte und Aktivitäten wahrscheinlich sogar zu rationieren. Wir brauchen mutige, weitsichtige Führungskräfte, die sich der Lobbyarbeit für diejenigen verweigern, die zugunsten von kurzfristigem Profit die Tatsachen verschleiern; besonnene Entscheidungsträger mit genügend Mumm, unbequeme Wahrheiten auszusprechen, und dem Charisma und der Vollmacht, zu handeln. Jedem Land muss klar sein, dass wir alle betroffen sind und eine Koalition gegen den gemeinsamen Klimafeind bilden müssen, statt ein Nullsummenspiel zu spielen, bei dem dein Gewinn für mich Verlust bedeutet. Wenn Menschen das Gefühl haben, dass sie Opfer bringen, zu denen andere nicht bereit sind, lehnen sie Veränderungen ab. Zügige, beherzte Schritte hin zu einer nachhaltigeren, CO_2-ärmeren Welt zu tun, ist schwierig. Ja, manche Unternehmen werden aufgeben, andere dafür neue Nischen nutzen. Einige Vergnügungen wird es nicht mehr geben, andere an ihre Stelle treten. Wir sollten unsere Führungskräfte und die Medien ermutigen, die große Frage unserer Zeit anzugehen: Wie können wir unsere Welt rasch verbrauchs- und CO_2-ärmer machen *und* ein glückliches, erfülltes Leben führen?

Enorme Auswirkungen auf die Umwelt hat die Art, wie wir unsere Nahrungsmittel anbauen. Wir verbrauchen unermessliche Mengen fossiler Brennstoffe für die Produktion von Dünger und verfüttern den Großteil unserer riesigen, Wälder verschlingenden Mais- und Sojabohnenernte an Abermilliarden Nutztiere, die wir dann verzehren. Das ist haarsträubend und sündhaft ineffizient. Weniger rotes und weißes Fleisch zu essen, würde die Artenvielfalt erhöhen, weil es die Böden weniger stark beanspruchen und unsere Abhängigkeit von Öl und Gas verringern würde. Auch mehr Pflanzenarten zu essen, würde die Umwelt entlasten. Ganze drei Pflanzen liefern direkt oder indirekt die Hälfte der Kalorien, die wir zu uns nehmen: Weizen, Reis und Mais. Sie und nur neun weitere sorgen für 85 % unserer Nahrungsmittel. Hinter den Kulissen warten viele leckere, nahrhafte Pflanzen auf ihren Auftritt. Würden wir sie besser nutzen, hätten wir mehr Abwechslung und wären weniger abhängig von riesigen Monokulturen, die oft hochgradig inzüchtig und anfällig für Schädlinge und Krankheiten sind. Wir müssen auch die unscheinbaren, wild lebenden Vorfahren unserer gezüchteten Nutzpflanzen schützen. Viele von ihnen sind durch Habitatverlust und Klimawandel bedroht, tragen aber die Gene in sich, die wir für die Züchtung von Pflanzen mit höherer Krankheitsresistenz oder Dürretoleranz nutzen können.

Ich hoffe, diese botanische Reise gefällt Ihnen. Die begeisterte Aufnahme von *In 80 Bäumen um die Welt* war eine freudige Überraschung. Anscheinend liegt das Buch auf dem Nachttisch oder in der Küche vieler Leser, die immer wieder hineinschauen, statt es von Anfang bis Ende durchzulesen. Daher habe ich hie und da Verweise eingefügt, die zum Abschweifen ermuntern sollen.

Abgesehen davon, dass ich erfreulich viel Zeit mit Pflanzen verbringen konnte, habe ich mich auch mit der aktuellen Forschung beschäftigt, auf Fußnoten und detaillierte Belege aber verzichtet. Es gibt jedoch eine Literaturliste (s. S. 206 ff.) und online ein umfangreicheres Quellenverzeichnis (www.jondrori.co.uk/80plants). Der Text ist aber natürlich nur das eine. Wir sind uns sicher einig, dass Lucille Clercs Illustrationen die Besonderheiten der Arten einfangen und den Text ergänzen. Erfreuen Sie sich also an den bemerkenswerten Pflanzen und vergessen Sie auch die Hunderttausend anderen nicht, die unsere Aufmerksamkeit genauso verdienen und oft auch unseren Schutz.

ENGLAND

Große Brennnessel

Urtica dioica

Die getrennten männlichen und weiblichen Brennnesselpflanzen sind ein dezentes Paar. Da sie ihren Pollen nicht Insekten, sondern dem Wind anvertrauen, brauchen sie keine knalligen Blüten und bilden kleine Girlanden winziger, unscheinbarer Blüten. Die weiblichen hängen wie zierliche lila Kätzchen kettenförmig herab, die männlichen bilden cremefarbene bis rosa-grüne Bogen und haben winzige Apparate, die Pollen fingerlang in die Luft schleudern: an einem Sommermorgen bei Gegenlicht ein zauberhafter Anblick. Die oft schulterhohen Stiele enthalten lange, zähe Fasern, aus denen jahrtausendelang Stoffe gewebt wurden. In Dänemark fand man schön gesponnenen und gewebten, 2800 Jahre alten Nesselstoff als Umhüllung eingeäscherter Leichname. Im mittelalterlichen Europa stellte man aus dieser Faser wie aus der des Flachses (s. S. 36) Kleidung her, und im Ersten Weltkrieg wurden Deutsche und Österreicher in Anzeigen aufgefordert, als Ersatz für die knappe Baumwolle Brennnesseln zu pflücken.

Das Wort „Nessel" (engl. *nettle*), Namensbestandteil mancher deutscher beziehungsweise englischer Orte, leitet sich vielleicht von einem indoeuropäischen Wort für „verdrillt" her oder von einem altenglischen Wort für „Nadel", das sich auf Textilien, aber auch den Abwehrmechanismus der Pflanze bezieht. Deren gesägte, herzförmige Blätter und steifen Stiele sind mit Härchen – Trichomen – bedeckt, von denen viele winzig und glashart sind und brennen. Streicht man sie gegen den Strich, bricht an der Spitze jedes Härchens ein winziges Kügelchen ab und gibt Hohlnadeln frei, die einen hautreizenden Cocktail injizieren, der unter Umständen mehrstündiges Jucken und Brennen verursacht. Zur Schmerzlinderung greift man gern zu den Blättern des Ampfers, der oft in direkter Nachbarschaft wächst; sie haben zwar kaum Wirkung, lenken aber ab, kühlen die Haut ein wenig und wecken vielleicht Erinnerungen an elterlichen Trost. Dieselben Haare, mit denen die Nessel empfindliche Kuhnasen und -lippen attackiert, machen sie zum Habitat für die Larven des Roten Admirals, des Kleinen Fuchses und des Pfauenauges sowie vieler anderer Insektenarten, denen sie nichts anhaben können und Schutz vor Fressfeinden bieten.

Nesseln begleiten uns im Leben wie im Tod und geben Hinweise auf unsere Geschichte. Da sie besonders gut auf phosphathaltiger Erde gedeihen, siedeln sie sich auf den Rändern gedüngter Getreidefelder an und folgen dem Phosphat, das wir erzeugen – in der Asche unserer Feuer, unserem Abfall und unseren Knochen. Daher sind die Böschungen vieler Burggräben in Nesseln eingehüllt, die sich von den langlebigen Mineralien der Jauche und des Unrats ernähren, die vor Hunderten von Jahren dort landeten. Wenn man sie lässt, gedeihen sie auf

Friedhöfen, sprießen auf alten Siedlungsstätten, verdrängen da, wo die Bodenchemie von menschlichen Behausungen zeugt, andere Pflanzen und verraten Forensikern sogar, wo Leichen vergraben sind.

Die bedauernswerten römischen Soldaten, die zum Hadrianswall am nördlichsten Rand des Römischen Reichs geschickt wurden, versuchten ihren Rheumatismus, die kriechende Kälte und womöglich gar ihre Langeweile mit „Urtifikation" zu bekämpfen: Sie schlugen sich mit Brennnesseln. Bei entsprechender Befindlichkeit ist das feurige Prickeln tatsächlich nicht nur unangenehm, aphrodisierend wirkt es aber nur bei einem bestimmten Typ Mensch. Heute betreiben Leute Urtifikation, für die ein wenig Schmerz zur Lust dazugehört.

Für die Engländer scheinen in puncto Brennnessel Unbehagen und Vergnügen Hand in Hand zu gehen. Im 18. Jahrhundert forderten Witzbolde Besucher ihrer Gärten auf, den Duft eines neu entdeckten Krauts zu beschreiben. Was haben sie gelacht, wenn das Opfer seine Nase in die damals anscheinend wenig bekannte Brennnesselsorte steckte und vor Schmerz das Gesicht verzog! In Dorset in Südwestengland wird bis heute ein jährlicher Brennnesselwettbewerb abgehalten, dessen clevere Teilnehmer (gibt es sie?) die Blätter vor dem Verzehr zusammenrollen und so zumindest einige Härchen zu entwaffnen verstehen. Kochen zerstört deren Brennkraft vollständig, und so ergeben die jungen Frühlingstriebe eine unbedenkliche Suppe, die sich im Mund allerdings merkwürdig rau anfühlt. Obwohl ein wenig grasähnlich, sind die Triebe nahrhafter als Spinat und der ganze Stolz des Wildpflanzensammlers.

Die Brennnessel ist irgendwie typisch englisch – teils aufgrund ihrer potenziellen Exzentrik und Komik, teils aber auch, weil sie Englands harmlos grüner, lieblicher Landschaft ein willkommenes Quäntchen maßvoller, milder Tücke verleiht.

SCHOTTLAND

Pontischer Rhododendron

Rhododendron ponticum

Der Pontische Rhododendron ist ein großer, verholzter Strauch mit einem Gewirr von Ästen, Zweigen mit glänzenden Blättern und üppigen violettpinken bis tiefroten Blüten mit ocker- und orangefarbenen Sprenkeln. Sogar seine verholzten Samenkapseln haben innen auffällige, warme Farben. Während die meisten Rhododendren aus dem Himalaya und noch östlicheren Gegenden nach Europa kamen, stammt diese Art, wie ihr Name sagt, aus dem Pontischen Gebirge in der nordöstlichen Türkei.

Die im 18. Jahrhundert nach Großbritannien und Irland eingeführte Art gedieh im dortigen feuchten, gemäßigten Klima gut. Ja, zu gut. Erst setzte sie sich in den Anlagen ehrwürdiger Häuser als üppiger Zierstrauch durch, dann pflanzten Landbesitzer sie als Unterschlupf für Wildgeflügel. Da sie Schatten und sauren Boden gut verträgt, verbreitete sie sich unaufhaltsam.

Mittlerweile sind große Teile des westlichen Schottland damit besiedelt, mit erheblichen Folgen für die heimische Artenvielfalt; wo Rhodendren wachsen, ist fast jede andere Art gefährdet. Während sie sich in ihrem ursprünglichen Verbreitungsgebiet und ohne menschliche Unterstützung gut ins Ökosystem einfügen, nehmen sie in Großbritannien und Irland den heimischen Arten Licht und Nährstoffe weg. Schlimmer noch: Sie beherbergen *Phytophthora ramorum*, einen mikroskopisch kleinen Eipilz, der Lärchen, Buchen, Esskastanien und andere Bäume zerstört.

Über giftige, Pflanzenfresser fernhaltende Blätter verfügen viele Pflanzen, bei Rhododendren ist aber sogar der Blütennektar toxisch. Für britische Honigbienen tödlich, kann er Hummeln nichts anhaben, die daher mit zur Ausbreitung der invasiven Art beitragen.

In den Bergen in der Türkei und an den Küsten des Schwarzen Meers nach Georgien zu haben die Bienen eine Immunität gegen das Rhododendrongift ausgebildet. Sie laben sich dort ohne nennenswerte Konkurrenz anderer Insekten am üppigen Nektar der Rhododendren, denen sie als wohlgenährte Bestäuber dienen, die auf die Blüten anderer Arten verzichten können. Weniger gut ergeht es Menschen, die ihren Honig verzehren. Schon ein ordentlicher Klacks bewirkt eine gefährliche Senkung des Blutdrucks und eine Verlangsamung des Herzschlags. Im Jahr 69 v. Chr. ließen Verbündete des Perserkönigs Mithridates den sie verfolgenden Truppen unter dem römischen General Pompeius absichtlich giftige Honigwaben zurück. Deren üppige Süße war zu verlockend für die

Soldaten, die so rasch kampfunfähig und besiegt waren. Obwohl der römische Naturkundler Plinius d. Ä. schon im 1. Jahrhundert n. Chr. vor dem „meli maenomenon" („verrückter Honig") der Gegend warnte, sollen Militärs sich des Tricks alle paar Hundert Jahre bis ins 15. Jahrhundert hinein bedient haben.

Am Schwarzen Meer wird der „verrückte Honig" heute noch gesammelt und gelegentlich als Stärkungsmittel oder Partydroge konsumiert, weil er eine prickelnde Benommenheit auslöst. Er soll auch das sexuelle Erleben steigern, was erklärt, dass vor allem Männer eines bestimmten Alters sich versehentlich damit vergiften.

SCHOTTLAND (UND USA)

Seetang (und Riesentang)

Laminaria spp. und *Macrocystis pyrifera*

Seetange sind Algen, das heißt sehr primitive Pflanzen, vom winzigen einzelligen Phytoplankton (s. S. 203) bis zum Riesentang. Obwohl sie Fotosynthese betreiben und manche Arten scheinbar einen Stiel und blattartige flache Wedel haben, fehlt ihnen das Innenleben „normaler" Landpflanzen. Sie klammern sich mit einem Haftorgan an Felsen fest und beziehen alles, was sie brauchen, direkt aus dem Meerwasser.

In schottischen Gewässern leben mehrere weitverbreitete Tangarten, alle tabakbraun oder oliv und mit langen, ledrigen Wedeln. Treiben sie als glitzernde, gewundene Bänder und Schnüre im Meerwasser oder wurden gerade angeschwemmt, verführt ihre Glätte dazu, sie zu berühren oder gar abzulecken. Verrotten sie in sturmgepeitschten Haufen, ist ihre Wirkung ganz anders, wenngleich sie so einen guten Dünger abgeben. Besonders attraktiv ist der Zuckertang (*Saccharina latissima*) mit seinen gerüschten Wedeln; er speichert seine Nahrungsreserven in Form von Mannit, dem süßen Zeug, mit dem Kaugummi beschichtet wird. Auch *poorman's barometer* genannt, schwillt ein in der Luft hängender Strang Zuckertang mit wechselnder Luftfeuchtigkeit an beziehungsweise strafft sich und lässt so Wettervorhersagen zu. Zwei andere Arten, Fingertang (*L. digitata*, s. folgende Doppelseite) und Palmentang (*L. hyperborea*), bilden glatte Gürtel, deren zarte junge Wedel, in feine Streifen geschnitten oder kurz blanchiert, früher als Snack auf den Straßen schottischer Städte verkauft wurden. Seetang enthält geschmacksverstärkende Verbindungen, und so war die japanische Seetangart Kombu denn auch die Grundsubstanz des ersten Mononatriumglutamats (MNG).

Im 18. Jahrhundert wurde Seetangasche – die Rückstände von aufgesammeltem, getrocknetem und verbranntem Tang – eine wichtige Quelle für Soda, das man bei der Glasherstellung als Flussmittel mit in den Schmelzofen gab, damit die Hauptsubstanz Sand bei tieferer Temperatur schmolz. Dass der Seetang kaum noch als Dünger verwendet und stattdessen in großen Mengen verbrannt wurde, was Rauch und Gestank verursachte, erregte so großen Unmut, dass auf den Orkney-Inseln vor Schottlands Nordküste die Forderung nach behördlichem Schutz der Arbeiter laut wurde. Vor Gericht argumentierten die Befürworter, „die Tangöfen machten jede Fischart krank oder töteten sie; … vernichteten das Getreide und Gras auf den Höfen; verursachten diverse neue Krankheiten und bei Schafen, Pferden, Rindern und sogar Menschen Unfruchtbarkeit". Aber das Geschäft ging vor, und so lebten im Jahr 1900 rund 60 000 Menschen in Schottland von der Tangindustrie, wobei die Arbeiter von den Gewinnen der Landbesitzer wenig hatten.

Seit etwa 1820 wurde Soda nicht mehr aus Tang gewonnen, aber aufgrund der chemischen Elemente, die in Meerwasser natürlich vorkommen und die Tang in seinem Gewebe speichert, wurde dieser weiterhin gesammelt. Algen waren eine wichtige Quelle für Jod, eine kristalline Substanz mit dunkellila Schimmer (daher ihr Name Jod nach dem griechischen Wort für „veilchenfarbig"), die zum Beispiel in der Medizin zur Herstellung von Antiseptika verwendet wird. In den 1840er Jahren gab es allein in Glasgow 20 Jodproduzenten. In Tang reichert sich auch Arsen an, eine ziemlich giftige Substanz, die im Meer natürlich vorkommt. Im Norden der Orkney-Inseln existiert eine Schafrasse namens North Ronaldsay, die sich an eine Ernährung fast ganz aus Seetang angepasst hat. Ihr Fleisch schmeckt nach Meer und enthält hundertmal so viel Arsen wie das von grasfressenden Schafen, überschreitet damit aber nicht die gesetzlichen Grenzwerte. Wahrscheinlich sind sie besonders resistent gegen Arsen, aber täglich große Portionen Fleisch von Tang fressenden Schafen oder Tang selbst zu verzehren ist wohl nicht empfehlenswert.

Eine eng verwandte Tangart und die weltweit größte ist der Riesentang des Pazifiks. Er kann innerhalb einer Wachstumsperiode 30 m lang werden und wächst pro Tag um eine Armlänge oder mehr. Riesige Haftorgane verankern ihn 10 – 20 m unter der Wasseroberfläche, und gasgefüllte Blasen am Ansatz jedes „Stiels" halten ihn im Wasser aufrecht. Die Unterwasserwälder, die er bildet, sind äußerst produktive Ökosysteme, von denen die kleinsten Organismen bis hin zu Fischen und Robben leben. Theoretisch hätten diese riesigen, von Lebewesen wimmelnden Tanggemeinschaften vor rund 15 000 Jahren die ersten Bewohner Nordamerikas ernähren können. Der „Kelp-Highway"-These nach sind diese vielleicht nicht auf dem Landweg über die heutige Beringstraße zwischen Russland und Alaska gekommen, sondern übers Wasser und entlang der Küsten des Pazifischen Raums, und hätten vom üppig vorkommenden Riesentang (engl. *giant kelp*) gelebt. Kürzlich wurde vorgeschlagen, Tangwälder anzulegen, um Kohlenstoff aus der Atmosphäre zu binden.

Riesentang lässt sich nachhaltig ernten, indem man nur etwa den obersten Meter abschneidet. In Südkalifornien vergor man ihn im Ersten Weltkrieg in riesigen, übelriechenden Fässern, um Azeton zu gewinnen, eine wichtige Substanz für die Sprengstoffproduktion. Heute werden aus Tang Alginate hergestellt – Chemikalien, die das Vielhundertfache ihres Gewichts in Wasser binden. Sie verleihen Speiseeis und Frischkäse Festigkeit und Schmelz, werden in der Textil- und Farbenherstellung sowie in Medikamenten gegen Sodbrennen und zur Beschichtung von Arzneimittelkapseln verwendet. Von den Küstenbewohnern abgesehen bleiben derlei Verwendungsweisen, so wie die Pflanzen selbst, den meisten verborgen, was schade ist, denn diese sind wertvoll und auch sehr schön.

Pazifik

Atlantik

IRLAND

Torfmoose

Sphagnum spp.

Kaum je knöchelhoch, sind Torfmoose der bescheidene wichtigste Baumeister des Torfmoors, eines schönen Habitats und eines der bedeutendsten Ökosysteme der Erde. Auf der arktischen und subarktischen nördlichen Halbkugel weben sie in wassergetränkten Gegenden, wo viel Regen fällt und nicht versickern kann, eine feuchte, erstaunlich vielfarbige Decke in sanften Grün- und matten Rost-, Kupfer- und Brauntönen, gesprenkelt mit hellen Flecken in warmen Rosa-, Orange- und sogar Gelbschattierungen. Uralt und ohne auch nur die grundlegendste Ausstattung, mit der höherentwickelte Pflanzen Wasser und Nährstoffe transportieren, benötigen Torfmoose keine Wurzeln. Nur die oberste Schicht lebt; die tropfnasse, braune untere ist so gut wie tot.

Besonders schöne Torfmoore gibt es in Schottland und Irland. Das englische Wort *bog* bedeutet weich, feucht und einweichend, was dem Wanderer, der über die Torfhügel und dicken, schwimmenden Matten quatscht, unmittelbar einleuchtet. Moos verfügt über eine enorme Fähigkeit, Wasser einzuschließen und aufzunehmen. Seine gefiederten, kleinen, blattähnlichen Pflänzchen halten Regenwasser wie ein Schwamm, und spezielle „Retortenzellen" in ihnen sind mit Poren perforiert, dank derer trockenes Moos rasch das 20-Fache seines Volumens an Wasser absorbiert.

Statt mit Blüten pflanzt Torfmoos sich mittels winziger Sporen fort, die vom Wind verbreitet werden. Für eine so niedrige, in der fast unbewegten Luftschicht direkt über dem Boden wachsende Pflanze könnte das ein Poblem darstellen, doch das Torfmoos hat eine originelle Lösung entwickelt. An der Spitze seiner dünnen, fingernagellangen Stämmchen sitzen runde, wenige Millimeter dicke, schwarzrote Kapseln, die zu einem Drittel mit dicht gepackten Sporen gefüllt sind – unglaublichen 250 000 Stück. Der Rest ist Luft.

Trocknen die Kapseln, schrumpfen sie und komprimieren die eingeschlossene Luft auf etwa 5 bar, den doppelten Druck eines Autoreifens. Dann bricht ihr Deckel plötzlich auf, und das Miniluftgewehr schießt die Sporen himmelwärts. Auf der winzigen Strecke in der aufreißenden Kapsel erreichen diese das rund 35 000-Fache der Schwerkraftbeschleunigung, das heißt ein Tempo von bis zu 100 km / h. Dass sie ein kompaktes Paket bilden, verringert den Tempoverlust durch den Luftwiderstand, dem einzelne Sporen ausgesetzt wären, beträchtlich. Der ringförmige Strudel, in den sie gerissen werden, schleudert sie unfassbare 20 cm in die Luft – hoch genug, um davongeweht zu werden. Das Knallen von Torfmoos an einigermaßen trockenen Tagen ist ein Ohrenschmaus.

Besonders ist auch, wie das Torfmoos seine Umwelt seinen Bedürfnissen entsprechend beeinflusst und Konkurrenten ausschaltet. Aus einem lockeren Gewirr abgestorbener Blätter bildet es einen Teppich – Areale mit stehendem Wasser, in dem es an gelöstem Sauerstoff und somit an Leben mangelt. Torfmoos entzieht mehr Nährstoffe, als es für sein eigenes Überleben benötigt, und bindet sie, sodass für andere wenig übrig bleibt. Zudem macht seine raffinierte Chemie Moorwasser sehr sauer, was die meisten anderen Pflanzen und auch Mikroorganismen nicht vertragen. Menschliche Moorleichen, die man fand, waren noch nach Tausenden Jahren grausig gut erhalten.

Seine antiseptischen Eigenschaften und seine Fähigkeit, Flüssigkeit zu absorbieren, machen trockenes Torfmoos zu einer hochwertigen Wundauflage. Im Ersten Weltkrieg kamen in britischen Hospitälern monatlich Millionen saugfähige, antiseptische Moosverbände zum Einsatz, und um den Bedarf decken zu können, organisierten Gemeinden in Großbritannien und Kanada regelrechte Erntefahrten.

Dank seines Säuregehalts und Sauerstoffmangels, die die Verrottung verhindern, setzt totes Torfmoos sich und wird unter Druckeinwirkung zu Torf, einer Vorform der Holzkohle. Das geht langsam vonstatten, und die tiefsten Moore mit einer über 10 m dicken Torfschicht sind mehr als 10 000 Jahre alt. Der Abbau kleiner Mengen Torf, dessen Rauch Malzwhisky seinen typischen Geschmack verleiht, mag zu rechtfertigen sein, doch leider sind Moore heute durch Trockenlegung zugunsten von Wäldern und Feldern sowie den großtechnischen Abbau zur Brennstoffgewinnung bedroht. Dabei sind sie, obwohl sie nur 1 % der Erdoberfläche einnehmen, ein enorm wichtiger Kohlenstoffspeicher. So pittoresk Pyramiden trocknenden Torfs auch sein mögen, wie würzig der Duft eines Torffeuers, wie nützlich Torf auch zur Verbesserung von Gartenerde oder zur Energiegewinnung sein mag, so desaströs kurzsichtig ist die Zerstörung von Mooren zwecks kurzfristigen Gewinns.

FRANKREICH

Mistel

Viscum album

Die an Vogelnester erinnernden Mistelkugeln fallen in der kalten Jahreszeit ins Auge, wenn die Bäume in Nordwesteuropa, die sie zieren – besonders Apfel, Linde und Pappel –, kahl sind. Den robusten gegenständigen Mistelblättern kann der Winter nichts anhaben, sie behalten ihr frisches Frühlingsgrün, während die farblosen, verlockend durchsichtigen, für uns und unsere Haustiere jedoch giftigen Früchte ein nahrhaftes Futter für Vögel sind.

Mönchsgrasmücken lassen sich die Früchte schmecken, ohne aber die einzelnen Samen zu schlucken, die mit Viscin beschichtet sind, einem zähen, klebrigen Zeug, das an ihren Schnäbeln haften bleibt. Die Vögel streifen sie sorgsam an Ästen ab, kratzen dabei oft die Rinde ab, oder stopfen sie manchmal auch in Spalten. Die nach der Pflanze benannte Misteldrossel verschluckt den Samen im Ganzen und scheidet ihn an einem beliebigen Ort aus, meist in einem regelmäßig benutzten Abort; dann hängen noch immer klebrige Viscinfäden daran. In ein Gewirr solch stinkenden Materials zu stolpern gehört zu den Freuden des Freiluftlebens.

Ist ein Same auf einem Ast gelandet, zeigt die Mistel ihre dunkle Seite. Er bildet einen feinen Keimstängel aus, der sich ins lebende Gewebe des Baums gräbt, und von da an verbringt die Mistel (wie ihre üppige Cousine *Nuytsia*, s. S. 129) den Rest ihres Lebens als Halbschmarotzer. Mit ihren Blättern betreibt sie Fotosynthese, bezieht ihren Bedarf an Wasser und Nährstoffen aber von ihrem Wirt, der infolgedessen langsamer wächst und anfälliger für Krankheiten wird. Da sie die Holz- und Obsterträge spürbar schmälert, verpflichten in Frankreich regionale Auflagen die Bauern, sie zu entfernen. Zum Glück findet sie ja Abnehmer.

Aufgrund ihrer unheimlichen winterlichen Fruchtbarkeit verbindet man die Mistel seit den heidnischen und druidischen Festen, den Vorläufern unseres Weihnachts- und Silvesterfestes, mit menschlicher Fruchtbarkeit, und so wurde bald ein Glücksbringer daraus. Heute ist die Mistel ein beliebter jahreszeitlicher Schmuck, der in Kirchen wegen seiner heidnischen Assoziationen jedoch selten aufgehängt wird. Der Brauch, sich unter Mistelzweigen zu küssen, stammt wahrscheinlich aus Großbritannien, dessen zurückhaltende Bevölkerung vielleicht eine Lizenz zum Küssen brauchte, und wo er heute Segen – oder Fluch – so mancher betrieblichen Weihnachtsfeier ist.

FRANKREICH

Echter Wermut

Artemisia absinthium

Schon lange spielt die robuste Wegrandpflanze Wermut eine wichtige Rolle in der Medizin. Sie kann brusthoch werden, hat silbrige, tief gespaltene Blätter, und an den Zweigspitzen sitzen Rispen mit hellgelben Blütchen. Zerdrückt man sie, verströmt ein Cocktail aromatischer Verbindungen einen starken, salbeiähnlichen Duft.

Wie sein englischer Name *wormwood* verrät, enthält Wermut Substanzen, die Würmer vertreiben – eine hochwillkommene Eigenschaft, als Darmparasiten ein stetes Ärgernis waren. Auch andere Lebewesen mögen ihn nicht. Im 1. Jahrhundert n. Chr. empfahl Dioskurides in seinen *Materia medica*, Wermutextrakt in Tinte zu geben, um Mäuse vom Fressen von Büchern abzuhalten, die damals aus Papyrus (s. S. 64) bestanden. Und 77 n. Chr. berichtete Plinius d. Ä., Wermut vertreibe Insekten, worauf das altfranzösische Wort *garde-robe* („Kleiderschutz") und das altenglische *ware-moth* („Kleidermotte") zurückgehen. Der deutsche Name, der im übertragenen Sinn Bitterkeit und Trauer („Wermutstropfen") bezeichnet, ist auch der des alkoholischen Getränks, eines ursprünglich bitteren medizinischen Elixiers.

1792 brachte der französische Arzt Pierre Ordinaire (!) in der Schweiz *extrait d'absinthe* auf den Markt, eine auf Wermut basierende, nicht verschreibungspflichtige alkolholische Arznei, und 1805 gründete Henri-Louis Pernod gleich jenseits der Grenze, in Frankreich, seine Absinth-Destillerie. Er entwickelte ein Gebräu aus Wermut, Anis und anderen Kräutern, die destilliert und mit Kräuterextrakten gemischt wurden. Das Ergebnis war beruhigend bitter, funkelnd smaragdgrün und betäubend alkoholisch. In den 1840ern wurden die französischen Truppen in Algerien mit Absinth versorgt; er sollte Fieber und Würmern vorbeugen und vielleicht verseuchtes Wasser desinfizieren können. Das Gerücht, er sei ein Aphrodisiakum und wahrscheinlich gefährlich, brachte die heimkehrenden Soldaten dann erst recht auf den Geschmack.

Den Durchbruch hatte Absinth aber erst dank eines Spezialjargons und besonderer Utensilien. Ab den 1870ern etablierte sich ein herrlich skurriles Ritual: Absinth wurde in ein Glas gegossen und darüber ein perforierter Löffel mit einem Stück Zucker gelegt. Ihn beträufelte man mit eiskaltem Wasser, möglichst aus einem schicken Glas-Messing-Behälter, was einen sinnig *la louche* genannten Prozess in Gang setzte, bei dem durch die Mischung diverse ölige Substanzen freigegeben werden, die sich in hochprozentigem Alkohol schneller auflösen als in Wasser und das kristallklare Smaragdgrün auf magische, verlockende Weise in ein milchiges Gelb verwandeln.

Seine Farbe und vermeintlich bewusstseinsverändernde Wirkung brachten dem Getränk den Spitznamen „la fée verte“ (die grüne Fee) ein und machten ihn bei den Bohemiens in den Cafés der Belle Époque beliebt. Nach der Arbeit traf man sich in speziellen Bars auf ein clever „l’heure verte“ (grüne Stunde) genanntes Ritual, um sich bei einem Glas Absinth zu entspannen. Verschrieb Dioskurides die Pflanze im Jahr 50 n. Chr. als Anti-Kater-Mittel, scheint sie die Wirkung von Alkohol ganz im Gegenteil zu verstärken, ja sogar Wahrnehmungsstörungen und Halluzinationen hervorzurufen.

In den 1880er Jahren waren viele impressionistische Maler begeisterte Konsumenten, wie auch Oscar Wilde, Charles Baudelaire und die Punkpoeten ihrer Zeit, Paul Verlaine und Arthur Rimbaud, die (buchstäblich) darauf schworen. Derart geadelt, entwickelte sich die Absinthmode zum Fieber, dann zur Sucht – und versprach gute Geschäfte. Eine Flut billiger Versionen überschwemmte den Markt. Und damit fing das Elend an.

Chronisch Abhängige zeigten zunehmend Anzeichen von „Absinthismus“. Ihre Blässe und geistige Verwirrung sowie gegebenenfalls Visionen wurden auf das Thujon geschoben, einen giftigen Bestandteil des Wermutkrauts. Vincent van Gogh mag einige seiner besten Werke unter dem Einfluss des Getränks geschaffen haben, seine Neigung zu Wahnsinn, Selbstverstümmelung und schließlich Suizid hat es vielleicht aber auch verstärkt. Edgar Degas hat die Gefahren des Absinthtrinkens in seinem Gemälde einer resignierten, unglücklichen Frau eingefangen, die mit leerem Blick vor ihrem Glas sitzt. Manche Trinker litten unter Krämpfen oder starben gar. Um 1914 erließen Frankreich und andere Länder Absinthverbote.

Heute weiß man, dass billigen Versionen oft Gifte und schädliche Farben beigemengt wurden. Wahrscheinlich verursachten eher sie und der extrem hohe Alkoholgehalt als kleine Mengen Thujon die schlimmsten Probleme. Mittlerweile ist die Spirituose rehabilitiert, wird sicherheitshalber aber nur aus Wermutsorten mit einem Thujonanteil hergestellt, der viel zu niedrig ist, um medizinische Wirkungen hervorzurufen. Trotzdem spekulieren die heutigen Produzenten und Händler auf das psychoaktive Image des Getränks. Doch auch damit ist seine Geschichte noch nicht zu Ende erzählt.

Ab Ende der 1960er Jahre unternahmen chinesische Forscher gemeinsame Anstrengungen zur Entwicklung neuer Malariamedikamente, indem sie Pflanzenarten untersuchten, die in der traditionellen Medizin zur Fieberbekämpfung eingesetzt wurden. Inspiriert von Ge Hongs klassischem Handbuch mit Notfallrezepten (340 n. Chr.) und einem Abschnitt aus dem Kräuterheilbuch

Bencao Gangmu (1596) über „Hitze und Kälte aufgrund von Wechselfieber“, analysierten Forscher die in China heimische *Artemisia annua*, eine eng verwandte Art mit hellen, gefiederten Blättern und cremeweißen Blüten, und entdeckten und extrahierten eine Substanz namens Artemisinin. Dieses ist nicht einfach in ihr enthalten, seine chemische Struktur erfordert vielmehr erhebliche Syntheseressourcen der Pflanze, und anscheinend hindert es konkurrierende Pflanzen daran, sich auf Wermutterrain auszubreiten. Beim Menschen tötet es Malariaparasiten im Blut ab. Den Forschern wurde dafür ein Nobelpreis verliehen, und heute sind Artemisinin und seine Derivate die Basis vieler Malariamedikamente, die aus in China, Vietnam und mehreren afrikanischen Ländern angepflanzter *Artemisia annua* gewonnen werden. Wie schön, wenn althergebrachtes Wissen für die modernen Naturwissenschaften so wertvolle Tipps bereithält!

DÄNEMARK

Rotklee

Trifolium pratense

Dafür, dass er die Welt verändert hat, ist der Klee ein erstaunlich bescheidenes, kaum wadenhohes Kraut. Angebaut werden vor allem zwei Arten mit süßlich duftenden, etwa kirschgroßen Blüten. Der Rotklee (*Trifolium pratense*) wird von Hummeln mit langen Rüsseln bestäubt, der Weißklee (*T. repens*) von Honigbienen. Die schönsten Kleefelder findet man in den flachen, fruchtbaren Landschaften Dänemarks, wo Kleesamen ein wichtiges Exportgut sind. Die seltener angebaute gelbe Art *T. dubium* halten die Iren mit hoher, netterweise aber nicht absoluter Sicherheit für das wahre irische Kleeblatt (*shamrock*: kleiner Klee), ihr inoffizielles Nationalsymbol.

Pflanzen betreiben Fotosynthese, wobei sie über ihre Blätter Kohlendioxid und über ihre Wurzeln Wasser aufnehmen; außerdem benötigen sie Nährstoffe aus der Erde, besonders Stickstoffverbindungen und Phosphor. Durch Abernten der Felder werden diese Nährstoffe den Böden entzogen, und wenn sie nicht ersetzt werden, zum Beispiel durch Ausbringen von Tier- und Menschendung, gehen die Ernteerträge zurück. Üblicherweise greift man dann zu Dünger – zu Stickstoffverbindungen und anderen Chemikalien. Doch abgesehen davon, dass die Luft dann voller Stickstoff ist, muss er auch chemisch in etwas umgewandelt werden, das Pflanzen aufnehmen können. Hier kommen die Hülsenfrüchtler ins Spiel, eine Pflanzenfamilie, zu der außer Klee auch Erbsen, Bohnen und Linsen gehören, ja sogar Bäume wie der Mesquitebaum und die Tamarinde, die natürlichen Dünger der Erde.

Hülsenfrüchtler existieren in schöner Symbiose mit *Rhizobium*-Bakterien, die in Knöllchen in ihren Wurzeln leben und sie dazu befähigen, Stickstoff zu „binden", das heißt, aus nichts Stickstoffverbindungen zu bilden. Da Proteine und Aminosäuren – die Bausteine von Säugetieren wie uns – viel Stickstoff enthalten, sind Hülsenfrüchte ein wichtiger Bestandteil unserer Kost, entweder indem wir selbst sie essen oder sie an die Tiere verfüttern, die wir essen. Jahrtausendelang wurden sie als Fruchtwechselfrüchte angebaut, weil ihre Stickstoffbindungsfähigkeit auch anderen Feldfrüchten zugutekommt.

Besonders gut darin, Stickstoff aus der Luft zu binden und Phosphor anzureichern, ist der Klee. Im maurischen Spanien baute man ihn etwa ab dem 10. Jahrhundert an, im übrigen Europa kaum. Das änderte sich im 17. Jahrhundert, als die europäische Landwirtschaft unter Stickstoffmangel litt, weil die wachsenden Städte einen immer größeren Getreidebedarf hatten. Da die Ausscheidungen der Stadtbevölkerung nicht so leicht zurück aufs Land gebracht werden konnten, übernahm Klee in der Nahrungsmittelerzeugung eine wichtige Funktion, und seine landwirtschaftliche Erzeugung schnellte ab 1750 für rund

150 Jahre hoch. Klee bedeutete fetteres Vieh, mehr Milch und Fleisch und bessere Ernten, und so verdreifachte sich die Bevölkerungszahl Europas nahezu.

Und das Leben wurde süßer. Kleeblüten müssen bestäubt werden, die Bienen ließen es sich also gut gehen, und die Honigerträge stiegen. Die Kleelandschaft, ein romantischer Flickenteppich aus roten, weißen und grünen Feldern, wurde zu einem Charakteristikum Europas. Seit das dreiblättrige Kleeblatt Glück versprach, verheißt der vierblättrige Mutant noch mehr davon. An nur einem von mehreren Tausend Stielen anzutreffen, ist er ebenso selten wie besonders, einen zu finden aber kein Ding der Unmöglichkeit.

1909 erfand der deutsche Chemiker Fritz Haber eine mit einem Nobelpreis geehrte Methode, auf der Basis der Rohstoffe Methan (ein natürliches Gas) und Luft künstlich Stickstoffverbindungen für Dünger zu erzeugen. Nach dem Zweiten Weltkrieg breitete sich das Haber-Bosch-Verfahren weltweit aus und verdrängte das Duo Klee–*Rhizobium*. Es führte zu einem Anstieg der Ernteerträge und damit der Bevölkerungszahl, verbraucht aber enorme Mengen Energie und verstärkt so den Klimawandel. Werden diese Dünger in Gewässer geleitet, entstehen durch Algenblüte tote Zonen. Zudem prägen künstlich gedüngte Monokulturen, die zunehmend auf Unkrautvernichtungs- und Schädlingsbekämpfungsmittel angewiesen sind, die Landschaft, die so an Artenvielfalt und Schönheit verliert.

Manche industriellen Agrarmethoden sind wahrscheinlich nicht nachhaltig. Mittlerweile ist aber eine Landwirtschaft, die auf traditionellen Fruchtwechsel, effizientere Betriebsführung und verbesserte Getreide- und Kleesorten setzt, zunehmend wettbewerbsfähig. Kluge Bauern holen den Klee zurück und mit ihm Bienen und andere Bestäuber, die so wichtig sind für die Artenvielfalt.

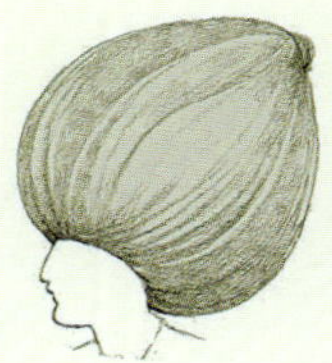

NIEDERLANDE

Tulpe

Tulipa spp.

Die wenigen wilden Tulpenarten, die von Käfern statt vom Wind oder von anderen Fluginsekten bestäubt werden, haben scharlachrote Blüten. Ansonsten sprenkeln sonnengelbe Tulpen die halbtrockenen Berge Zentralasiens, von wo Nomaden sie im Mittelalter in die heutige Türkei brachten. Die Blütenhüllblätter einiger Tulpen haben Bereiche mit winzigen Erhöhungen, deren Struktur einen irisierenden Hof aus blauem und ultraviolettem Licht erzeugt, den besonders Bienen wahrnehmen, während wir nur bei den dunkelsten Zuchtsorten einen feinen Schimmer erkennen.

„Tulpe" leitet sich vom persischen Wort für Turban ab, an dessen Form ihre Blüten erinnern. In der türkischen Lyrik stehen diese für weibliche Schönheit, Perfektion und das Paradies, und Tulpenblüten mit spitzen Blütenblättern sind ein beliebtes Motiv der Kunst, Architektur und islamischen Fliesenkeramik.

Im späten 16. Jahrhundert erreichte die Tulpe die Niederlande, wo Züchter darangingen, knallige Hybriden zu entwickeln, teils durch Infizierung mit Viren, die kunstvoll gestreifte Blütenblätter hervorbrachte. Weil wohlhabende niederländische Kaufleute Investitionsmöglichkeiten suchten, Tulpen rar waren und öffentliches Interesse erregten, kam es zum „Tulpenfieber": Für lachhaft große Summen wechselten Tulpenzwiebeln den Besitzer, bis die Blase nach einem dreijährigen, von Risikofreude und Gier gespeisten Spekulationsrausch, heute ein Lehrbeispiel der Wirtschaftswissenschaften, schließlich 1637 platzte.

Die Tulpenzucht ist noch immer vor allem in den Niederlanden ansässig. Dort bringt eine intensive Landwirtschaft grandiose Farbflächen hervor, die aber auch Insekten und Pilzen Nahrung bieten, derer man nur durch massive Agrochemikaliengaben Herr wird.

DEUTSCHLAND

Gewöhnlicher Hopfen

Humulus lupulus

Leitet sich der Trivialname der Pflanze unter Umständen vom schweizerischen Hupp (buschige Quaste) ab, geht ihr poetischer lateinischer Name auf ihre Vorliebe für *humus* (fruchtbare Erde) und ihren wilden Wuchs zurück: *Lupulus* bedeutet „kleiner Wolf". Die im Winter absterbende Staude kann in einem Sommer 15 m hoch werden und windet sich Halt suchend über Hecken und um Äste, wobei ihre Blattform sich mysteriöserweise im Verlauf ihrer Entwicklung wandelt.

Die spargelähnlichen Hopfensprosse werden spätestens seit römischer Zeit gegessen, wichtiger sind jedoch wie beim (eng verwandten) Cannabis die Blütenköpfe der weiblichen Pflanzen. In diesen Dolden (Ähren) sitzen Drüsen, die ätherische Öle absondern, darunter wirksame keimtötende Substanzen, weswegen sie in frühen Klostergärten zu medizinischen Zwecken gepflückt wurden. In den 1780er Jahren hatte der gestörte englische König Georg III. den richtigen Riecher, als er zur Bekämpfung seiner Schlafprobleme und zur Beruhigung seiner angegriffenen Nerven zu Hopfen griff. Aktuelle Studien bestätigen, dass Hopfen schlafördernd wirken und Angst- und Depressionssymptome lindern kann.

Im Mittelalter war ein süßliches, milde vergorenes, aus gemälzter Gerste gebrautes Bier ein wichtiger Bestandteil der nordeuropäischen Kost, hielt sich aber nicht gut. Mönche gaben Hopfen hinzu, was ein Getränk mit erfrischend komplexem, bitterem Geschmack ergab, das noch dazu haltbar war. Mit diesem neuartigen Bier konnte Handel getrieben werden, und so wurden Klöster zu profitablen Brauereien. Im 15. Jahrhundert war es in Kontinentaleuropa verbreitet, bald danach auch in England. Zusammen mit Gerste (s. S. 34) ist Hopfen noch immer seine Grundzutat.

Auch wenn heute die USA den meisten Hopfen erzeugen, ist Deutschland, das etwas weniger ertragreiche Sorten kultiviert, das Land mit der größten Anbaufläche. Hier und in England wird er seit dem 18. Jahrhundert in Hopfengärten in Reihen gepflanzt; er klettert an Drähten, die an über 5 m hohen Gerüsten angebracht werden. In Zeiten vor der Technisierung kümmerten sich, riskant wie pittoresk, Männer auf Stelzen um die Pflanzen und Gerüste. Da die Ernte schwere Handarbeit war, baute man Hopfen da an, wo es billige Arbeitskräfte gab; in England war die Hopfenernte im 19. und in der ersten Hälfte des 20. Jahrhunderts eine gesellige Sommerferientätigkeit der Arbeiter. 1835 hieß es im *Penny Magazine* hübsch (und herablassend): „Die Hopfenernte ist eine quicklebendige, interessante Zeit, und die bunten Grüppchen, die sich dazu einfinden, sind höchst amüsant."

Der Geschmack und der Geruch von Bier hängen im Wesentlichen davon ab, welche der Dutzenden Hopfensorten verwendet werden, wo der Hopfen wächst, wann er geerntet, wie er verarbeitet und dem Gärmittel beigemengt wird. Zum Glück haben wahrhaft selbstlose Menschen es auf sich genommen, Biere gewissenhaft zu prüfen und gegebenenfalls einzugreifen. Keine leichte Aufgabe, aber irgendwer muss es schließlich machen.

DEUTSCHLAND

Gerste

Hordeum vulgare

Gerste, ein hüfthohes Gras mit Ähren, die mit harten Grannen besetzt sind, ist ein robustes Getreide mit langer Geschichte und das erste, das, vor über 10 000 Jahren, auf dem Gebiet des heutigen Israel und Jordanien domestiziert wurde. Die Wildgerste verstreute ihre Samen zwecks Sicherung der Nachkommenschaft vermutlich breit über den Boden, sobald sie reif waren. Das machte die Ernte für die Menschen zur Plackerei, und als sie auf Mutanten stießen, bei denen die Samen fest an den Halmen saßen, säten sie sie aus, und so fort über Generationen, bis alle Gerstenpflanzen diese nützliche Eigenschaft aufwiesen. Nun waren die Körner viel leichter zu ernten, die Pflanzen für die Vermehrung aber auf den Menschen angewiesen. Der Anbau von Gerste, Weizen und anderem Getreide hatte weitreichende Folgen für die menschlichen Gemeinschaften, die dadurch sesshaft wurden, sich zusammenschlossen und Städte gründeten.

Um 4000 v. Chr. wurde Gerste in Ägypten und Mesopotamien angebaut; gegenüber Weizen hatte sie den großen Vorteil, dass sie den mehr von Flüssen als von Regen bewässerten, salzhaltigen Boden vertrug. Um 1800 v. Chr. war sie in Eurasien eines der wichtigsten Getreide. In römischer Zeit bevorzugten die Wohlhabenden zwar Weizen, aber Gerste in Form von Brei oder Fladenbrot war im östlichen Mittelmeerraum nach wie vor die Hauptkost. Zu Ceres, der römischen Göttin des Ackerbaus, gehören Gersten-, nicht Weizengarben, und die Gladiatoren, die sich überwiegend vegetarisch von Bohnen und kräftigendem Getreide ernährten, wurden *hordearii* genannt: „Gerstenfresser".

Gerste wächst schnell und ist noch immer eine widerstandsfähige, zuverlässige Kulturpflanze, die mit Trockenheit und Magerboden zurechtkommt und hohe Breiten- und Höhenlagen verträgt. Aufgrund ihrer ungewöhnlichen Mischung von Ballaststoffen, die die Cholesterinwerte und die Glukoseregulation verbessern, ist sie, sogar wenn die Körner geschält und zu Perlgraupen geschliffen werden, ein ausgezeichnetes Nahrungsmittel. Trotzdem wird sie – abgesehen von Teilen des Mittleren und Nahen Ostens, wo sie oft als Zutat von Eintöpfen oder (mit Obst und Nüssen) als Brei oder (gewürzt) als Grundlage von Salaten dient – als menschliche Kost stark unterschätzt und im Wesentlichen als Tierfutter und beim Bierbrauen verwendet.

Vor 4000 Jahren galt Bier bei den Sumerern im heutigen südlichen Irak als ein Anzeichen von Zivilisation, vielleicht weil der Anbau von Gerste, aus der es gebraut wird, stabile Gemeinschaften voraussetzt. Es wird in Keilschrifttexten oft erwähnt; so finden sich auf einer Tafel von etwa 1800 v. Chr. eine lebendige Beschreibung des Brauens und eine Hymne auf Ninkasi, die sumerische Göttin des Biers. Der antike Poet schwärmt zwar, gefiltertes Bier erinnere beim Eingießen an die Ströme von Tigris und Euphrat, bleibt das Rezept jedoch leider schuldig. Die sumerischen Brauer vergoren vielleicht eine Mischung aus Gerstenbrot und Wasser, so wie heute in Osteuropa und Russland aus Roggenbrot das erfrischende, alkoholarme Kwas entsteht. Vielleicht wurde die Gerste aber auch ähnlich wie heute gemälzt.

Beim Mälzen nutzt man bestimmte biochemische Eigenschaften der Gerste. Die Körner werden eingeweicht und setzen beim Keimen Enzyme frei, die auf die reichlich enthaltene Stärke – den Energiespeicher des Samens – einwirken und sie in Zucker umwandeln, die die Gerstenpflanze zum Wachsen benötigt. Nach rund einer Woche beendet man diesen Prozess durch Erhitzen der keimenden Körner; danach werden ihnen Maltose und andere schmackhafte Zucker entzogen und mit Hefe vergoren. In Schottland wird das Gebräu zu Whisky destilliert, und auch in Ländern, wo man „Whiskey“ merkwürdigerweise aus vergorenem Mais macht, gehört Gerste in die Mischung.

Eine besondere Vorliebe fürs Bierbrauen und somit auch für die Gerste hat Deutschland. Neben Hopfen (s. S. 32), Wasser und Hefe ist sie eine der nur vier Bierzutaten, die das deutsche Reinheitsgebot zulässt. Seit 1516 verhindert es Verfälschungen (und gab den wertvollen Weizen fürs Brotbacken frei), führt aber auch dazu, dass deutsches Bier, so hochwertig es ist, vielleicht den Zwiespalt zwischen makelloser Reinheit und spannender Vielfalt offenlegt.

SCHWEDEN

Saat-Lein

Linum usitatissimum

Leinblüten sind frühlingshimmelblau und äußerst zart – ein Lüftchen raubt ihnen oft ein oder zwei Blütenblätter –, aber die restliche Pflanze ist erstaunlich robust, und ihre berühmten Fasern werden zu Leinen gewebt. Die runden Früchte, hübsch gegliederte Kapseln, sehen wie kleine Laternen aus und enthalten flache, glänzend braune Samen, die ein wertvolles Öl ergeben. Heute sind Russland und Kanada die wichtigsten Erzeuger, aber seit durchgehend 2500 Jahren oder mehr wird Lein (oder Flachs) in Schweden kultiviert, wo er Landschaft und Kultur prägt und in vielen Bräuchen mit weiblicher Fruchtbarkeit verknüpft ist.

Flachsstängel sind hüfthoch, und die langen, von oben bis unten verlaufenden, unverdaulichen Fasern in ihrer Rinde halten Pflanzenfresser fern. Vor etwa 5000 Jahren wurden in der Schweiz Fasern mit einer Dichte von bis zu 60 fein gesponnenen Fäden pro Zentimeter gewebt, und im alten Ägypten, wo Priester in Leinen gekleidet waren und Mumien darin eingewickelt wurden, entsprach dessen Qualität der moderner Stoffe.

Im frühen 17. Jahrhundert war ein Sechstel der landwirtschaftlichen Arbeitskräfte Europas in der Flachsproduktion tätig, und bis Anfang des 20. Jahrhunderts blieb Flachs die wichtigste Pflanzenfaser. Ihrer Robustheit kann auch Nässe nichts anhaben – eine wichtige Eigenschaft, als einst bei Kriegsschiffen und Teeklippern vor allem Wendigkeit und Tempo zählten und sie mit „Leinenflügeln", die oft mit Flachstauen festgezurrt waren, über die Meere flogen.

Heute gilt Leinen als strapazierfähiger, schimmernder Stoff für edle Tischwäsche und kühle Sommerkleidung, auch wenn seine knittrige Steifheit häufiges Bügeln erfordert und es auch dann noch eher leger als schick wirkt. Seine Struktur schätzen auch Bäcker, die Teig zum Gehen in „Bäckerleinen" (*toile à couche*) wickeln, ein mit Mehl bestäubtes und daher nicht klebendes Leinentuch.

Aus Leinsamen wird ein wichtiges Öl gewonnen, das an der Luft oxidiert und dadurch fest wird, sodass Generationen von Malern es als Pigmentmedium nutzten. Während der wohlige Duft trocknender Leinwände angenehme Assoziationen an Malerateliers weckt, birgt Leinöl überraschende Risiken. Bei seiner Oxidation entsteht Hitze, und je wärmer es wird, desto mehr beschleunigt sich die Reaktion. Zerknüllte ölige Tücher können so heiß werden, dass sie plötzlich in Flammen aufgehen. Ab den 1860er Jahren wurde aus Leinöl, Harz, Pigmenten und Korkmehl Linoleum hergestellt – in der ersten Hälfte des 20. Jahrhunderts

der Belag der Wahl für einen billigen, hübsch gemusterten und pflegeleichten Küchenboden. Das neue Material brachte sogar eine grafische Technik hervor: Man ritzt und kerbt mühelos ein Muster in die Oberfläche, färbt sie ein und druckt einen – Linolschnitt.

Der volkstümliche Name Flachs leitet sich von germanischen Wörtern für „geflochten" oder auch „geschunden" ab, die sich auf die Verwendung beziehungsweise Aufbereitung der Pflanze beziehen, die ihrem lateinischen Beinamen *usitatissimum* („höchst nützlich") alle Ehre macht. Der Gattungsname *Linum* (vom altgriechischen *linon*) ist die Wurzel scheinbar ganz disparater Wörter, die botanisch aber miteinander zu tun haben. Einerseits natürlich Leinen, Leinsamen und Linoleum, doch wer hätte gedacht, dass die gebräuchliche „Linie" auf den (Leinen-)Faden zurückgeht, den man straff hielt, um einen geraden Rand hinzubekommen und die kürzeste Entfernung zwischen zwei Punkten zu ermitteln? Im Englischen hieß das glatte Leinen, mit dem ein gröberes Obermaterial gefüttert wurde, *lining*, und feine Leinenunterwäsche, die den empfindlichen Intimbereich vor kratziger Wolle bewahrte, *lingerie*.

ESTLAND

Gewöhnlicher Löwenzahn

Taraxacum officinale

Vielleicht ist der Löwenzahn (*Taraxacum*) einfach zu verbreitet, um geschätzt zu werden. In gemäßigten Zonen malen seine aus Dutzenden Blütchen zusammengesetzten Blütenköpfe hübsche tiefgelbe Tupfen oder gar Teppiche auf offene Felder und Randstreifen und sprenkeln das monotone Grün von Rasenflächen. Oft als Unkraut gescholten, breitet er sich in der Tat leicht aus. Manche Arten, besonders in Südeuropa, vermehren sich klassisch mittels Blüten, die von Insekten bestäubt werden, ja locken diese mit ultravioletten Mustern auf ihren Blütenblättern an. In einem Apomixis genannten Prozess können Löwenzähne Samen aber auch ungeschlechtlich hervorbringen, indem sie auf das ganze Pollentheater pfeifen und sich klonen.

Die Fruchtstände des Löwenzahns sind golfballgroße, fiedrige, weiße Kugeln – kurzlebig, zart und bezaubernd schön. Jede Kugel enthält Dutzende lose verankerter Samen, je mit einem winzigen Flugschirm, dem an einen Mini-Schornsteinbesen erinnernden Pappus aus flaumigen Haaren. Dank dieser Schirmchen wehen die Samen weit mit dem Wind davon, und zwar auf eine erst seit Kurzem erforschte Weise: Beim Sinken wird jeder Pappus von einem winzigen Luftwirbel direkt über ihm getragen, einem Strudel (wie ein horizontaler Rauchring, natürlich ohne Rauch), der seinen Sinkflug erheblich abbremst. Der Strudel entsteht nur, wenn die Zahl der winzigen Haare – immer zwischen 90 und 110 – und die Abstände zwischen ihnen stimmen. Diesem Wunder der Evolution verdanken wir die mancherorts verbreitete Vorstellung, dass einen Wunsch frei hat, wer einen Löwenzahnsamen im Flug fängt.

Die Stängel und vor allem die Wurzeln des Löwenzahns enthalten einen klebrigen, weißen Milchsaft, der beim Gerinnen Wunden verschließt und so vor Infektionen schützt. Löwenzahn- und Gummibaummilchsaft haben große Ähnlichkeit, und besonders viel davon hat das in Kasachstan heimische *Taraxacum kok-saghyz*. In den 1930er Jahren bauten die Russen es in Osteuropa auf einer Fläche von 670 km² an und stellten daraus erfolgreich Kautschuk her. Als die Einfuhr von fernöstlichem Kautschuk sich nach dem Zweiten Weltkrieg wieder stabilisierte, wurde Löwenzahnkautschuk unrentabel. Inzwischen arbeiten Forscher in Europa und den USA aufgrund der zunehmenden Belastung der tropischen Wälder an der Entwicklung ertragreichen Russischen Löwenzahns, und schon jetzt sind Reifen aus seinem Gummi auf dem Markt.

In Frankreich schätzte man im 19. Jahrhundert Salate aus den länglichen, gezähnten Blättern des Löwenzahns, teilweise wegen ihrer leicht harntreibenden Wirkung, daher der hübsche Name *pissenlit* (Bettnässer). Die Franzosen verwenden die Blätter noch immer als Salatgemüse, die Wurzeln zur Herstellung eines „Kaffees" und die Blüten für ein würziges Gelee namens *cramaillotte*. Am meisten liebt man ihn jedoch in Estland, wo er zur regionalen Folklore und Tradition gehört und mit einem Löwenzahnfestival geehrt wird.

Kinder lieben die Pusteblume wegen der komplizierten Symmetrie ihrer Samenkugeln und weil es Spaß macht, zu zählen, wie oft man pusten muss, bis alle Samen weg sind. Auch wir Erwachsenen sollten sie vielleicht mit frischem Blick betrachten und uns klarmachen, dass sie viel mehr ist als ein schäbiges Unkraut.

SPANIEN

Echter Safran

Crocus sativus

Krokusse sind sonnenhungrig. Zwischen Marokko und Westchina, vor allem aber in der Türkei und auf dem Balkan, bilden die knöchelhohen Pflanzen (in rund 80 Arten) fröhliche Farbkleckse. Heute stammt das Gros des Safrans aus dem Iran, den hochwertigsten erzeugt aber wohl Spanien. Dort wird das Gewürz durchgehend angebaut, seit die Mauren es im 9. Jahrhundert einführten, weswegen sein Trivialname sich denn auch vom arabischen *za'farān* (das Gelbe) herleitet. Der Echte Safran hat grelllila Blütenblätter, von denen sich seine gelborangen Staubgefäße mit dem Pollen und besonders ine weinroten Narben, die den Pollen anderer Pflanzen auffangen, effektvoll abheben. Diese Narben enthalten das Gewürz. Der ganze Fortpflanzungsapparat ist allerdings überflüssig, denn vor Jahrtausenden bescherte eine glückliche botanische Mischehe der Welt den Safran, verursachte zugleich aber eine genetische Anomalität, die den Echten Krokus unfruchtbar machte. Mangels brauchbarer Samen verdankt er sein Überleben Generationen von Bauern, die sorgsam seine unter der Erde wachsenden Knollen, in denen er für magere Zeiten Nährstoffe speichert, teilen und zurück in die Erde setzen.

Minoische Fresken von ca. 1600 v. Chr. zeigen, wie wohl angelernte Affen Safran ernten, aber das mag Wunschdenken des Künstlers gewesen sein, der wusste, wie anstrengend es ist, stundenlang kniend oder gebückt in der Kälte zu arbeiten. Noch heute wird Safran von Hand geerntet. Die Pflanzen blühen im Herbst 14 Tage lang, und den bestmöglichen Geschmack erhält man, wenn man die Blüten in den wenigen Stunden direkt nach Aufblühen pflückt. Da sie eher klein und ihre Narben winzig sind, ist Safran das teuerste Gewürz der Welt. Für 1 kg müssen 150 000 Blüten gepflückt werden. Die Narben werden von Hand abgetrennt, auch dies eine langweilige, monotone Arbeit, die aber wenigstens relativ bequem an großen Tischen und plaudernd erledigt werden kann.

Anschließend werden die Narben getrocknet. Das Zusammenspiel von milder Hitze und pflanzeneigenen Enzymen löst die Abspaltung von Picrocrocin aus, einem Bitterstoff, mit dem die Pflanze Bodeninsekten abwehrt und den sie in Safranal umwandelt, das Safran sein typisches Aroma verleiht. Das wird gern mit dem von Heu verglichen, doch damit tut man ihm unrecht. Safran, das ist ein langer, heißer Sommer, ein Nickerchen in trockenem Wiesengras und der feuchte Duft, den, ja, warmes Heu bei sanftem Landregen verströmt. Hinzukommt aber etwas Penetrantes, verführerisch Moschusartiges. Angesichts seines Preises ist es ein Glück, dass ein wenig Safran weit reicht; er kann schnell aufdringlich und unangenehm, ja sogar metallisch schmecken.

Anfangs wurde er überwiegend in der Medizin genutzt, zum Beispiel zur Behandlung von Entzündungen, Asthma oder Grauem Star, als Abtreibungsmittel oder zur Katervermeidung. Zu seinen Fans gehörten Alexander der Große, der glaubte, Safran heile seine Kampfwunden, und der römische Kaiser Nero, der ihn in üppigen Mengen in Hallen und Theatern ausstreuen ließ, bevor er sie betrat.

Safran wurde auch zur Steigerung des sexuellen Verlangens verwendet. Kleopatra gab ihn aus farblichen und kosmetischen Gründen in ihr Badewasser, aber auch, um ihre amourösen Begegnungen zu optimieren. Laut *1001 Nacht* versetzt Safran Frauen in Ekstase. Aktuelle Tests (mit Ratten) zu seiner Wirkung als Aphrodisiakum deuten darauf hin, dass es sich lohnen könnte, sie mit Menschen zu wiederholen, doch man sollte sich klarmachen, dass vermutlich fast alle vermeintlich verlässlichen Liebestränke funktionieren – besonders, wenn sie richtig viel kosten.

Als man im 14. Jahrhundert in Europa glaubte, mit Safran könne man die Beulenpest verhindern und heilen, schoss sein ohnehin hoher Preis weiter in die Höhe, und Seeräuber und Betrüger betraten die Szene. Reisende Händler wurden überfallen und auf dem Mittelmeer venezianische und genuesische Schiffsladungen geplündert. Da blieb es nicht aus, dass Safran verfälscht wurde. Die Täter wurden zu Geldstrafen verdonnert, eingesperrt und in Deutschland sogar hingerichtet.

Im ersten mit beweglichen Lettern gedruckten, in den 1470er Jahren vom päpstlichen Bibliothekar Platina veröffentlichten Kochbuch findet sich eine verlockende Safranbouillon aus 30 Eigelben, Zimt, Kalbsjus und dem Saft unreifer Trauben. Die Geschmäcker ändern sich. Heute ist Safran das kostbare gewisse Etwas in Bouillabaisse und Paella, edlem Speiseeis und samtigen Hefeschnecken und verleiht als simple Beigabe zu heißer Milch mit Honig kalten Abenden einen goldenen Schimmer.

SPANIEN

Kulturtomate

Solanum lycopersicum

Tomaten gehören zur Familie der Nachtschattengewächse, die für ihre chemischen Abwehrstoffe bekannt sind. Viele Nachtschattengewächse, etwa Tollkirsche und Tabak, sind giftig und sogar Teile der essbaren Vertreter wie der Kartoffel (s. S. 150). So enthalten zum Beispiel die so verlockend würzig schmeckenden Tomatenblätter Alkaloide und sollten daher verschmäht werden.

Die fröhlich gelben, zauberhutförmigen Blüten der Tomate haben eine ungewöhnliche Beziehung zur Familie der Bienen ausgebildet. Ihre Staubblätter sind zu schmalen Röhren verwachsen und geben den Pollen nur bei Schütteln durch schmale Schlitze nahe ihren Spitzen frei. Zwar überlassen sie ihn teilweise auch dem Wind, reagieren aber besonders auf Vibrationen: Wenn summende Hummeln oder Holzbienen sich an die Blüte klammern und ihre Flügelmuskeln anspannen, schwingen sie mit ihnen mit. Wichtig ist dabei die Frequenz der Flügelschläge; landet eine Hummel auf einer Blüte, beschleunigt sich ihr Flügelschlag auf die Frequenz eines eingestrichenen C – genau die Höhe, bei der der Pollen herausgeschüttelt wird, und deutlich höher als ihr monotoner Flügelschlag im Flug. Honigbienen kriegen das nicht hin, sie treffen buchstäblich nicht den richtigen Ton. Der Vorgang wird Vibrationsbestäubung genannt, und in den meisten gewerblichen Treibhäusern werden deswegen heute Hummeln gehalten.

Die Kulturtomatenpflanze ist ein niedriger Busch, häufig auch ein niederliegendes Rankgewächs, das mit Abstützung mehr als mannshoch wird. Ob man das runde, rote Ding, das wir essen, als Frucht oder Gemüse betrachtet, liegt bei einem selbst. Diese Tomaten haben eine dünne Schale (Kutikula), eine äußere Fruchtschicht, ein inneres Mark und wässrigen Gallert (den hassen Kinder besonders) um Ansammlungen von Samen. Letztere machen die Tomate für Botaniker und vielleicht auch Pedanten zur Frucht, genauer zur Beere, weil sie mehrere Samen enthält, wie zum Beispiel auch Blaubeere und Weintraube. Andererseits fehlt ihr die für Früchte typische Süße, sie hat vielmehr, besonders in gekochtem Zustand, einen deutlichen Umami-Geschmack. Alte Kochbücher versuchten beides abzudecken und enthielten auch Rezepte für Tomaten mit Sahne und Zucker sowie Tomatenwein (mal probieren?). 1893 erklärte kein geringeres Organ als der Oberste Gerichtshof der USA sie zum Gemüse mit entsprechenden Agrarzöllen, nicht ohne einzuräumen, dass dahinter eher fiskalische als wissenschaftliche Gründe steckten.

Der Ursprung der Tomate ist ein bisschen nebulös. Höchstwahrscheinlich wurde aus erbsengroßen wilden Beeren an langen Ranken, die an Südamerikas Nordwestküste wuchsen, eine Art kleiner Kirschtomaten gezüchtet. Diese gelangten, vielleicht mit Vögeln oder Handelsschiffen, nach Mittelamerika, wo größere Zuchtformen entstanden, die flach und faltig, aber fleischig genug waren, dass die Maya sie *tomatl* nannten: „dickes Wasser“. Zeitgenössische Dokumente, die die Ankunft von Hernán Cortés und seinen Konquistadoren 1519 in Mexiko beschreiben, zeigen Tomatensorten verschiedener Formen und Farben, die dort schon jahrhundertelang gezogen wurden.

In Spanien wurde aus dem aztekischen Wort dann einfach *tomate*. Im Italienischen hingegen hieß alles Exotische aus Übersee „maurisch“, und so erhielt das neue Nahrungsmittel den Spitznamen *pomo di moro*, „maurische Frucht“. Auf Französisch hatte es den hübschen Namen *pommes d'amour*, auf Englisch hieß es bis Mitte des 19. Jahrhunderts entsprechend *love apple*. (Das moderne italienische Wort *pomodoro* ist ein Schmelzwort aus *pomo di moro*, nicht aus *pomo d'oro*, „goldener Apfel“, obwohl die frühen Tomaten oftmals gelb waren.)

Nach und nach breiteten Tomaten sich dann in ganz Europa aus. Mitte des 16. Jahrhunderts schlug der italienische Arzt und Botaniker Pietro Mattioli vor, sie mit Salz und Pfeffer in Öl zu dünsten, hielt sie zugleich aber für eine Art Alraune (ein anderes Nachtschattengewächs; s. S. 50), die als giftig galt und mit furchterregenden übernatürlichen Vorstellungen verknüpft war. Leider ließ sich der Engländer John Gerard in seinem *Herball* von 1597 davon leiten und behauptete, sie seien giftig und hätten einen „ranzigen, widerlichen Geschmack“, obwohl er wusste, dass die Italiener und Spanier sie unbeschadet aßen. Diese üble Nachrede verbreitete sich derart, dass die Tomate den Engländern für mehr als 200 Jahre verleidet war und von ihnen bis Anfang des 19. Jahrhunderts nur ihrer Originalität und kuriosen Schönheit wegen gepflanzt wurde.

In den USA fanden Tomaten im Wettstreit mit dem Allheilmittel Tomatenpillen als supergesundes Gemüse Anklang, und in den 1830er Jahren führte eine Kombination aus Promiwerbung und überschwänglichen Leitartikeln dazu, dass sie als gesund, lecker und total angesagt galten. 1845 empfahl die Zeitschrift *Prairie Farmer* sogar Tomatenwein, und zwar herrlich zweideutig besonders bei Störungen der Leber.

Ende des 19. Jahrhunderts war eine Hochzeit der Zucht und des Anbaus von Tomaten, und inzwischen sind Tausende Sorten gezüchtet und rückgezüchtet worden. Wilde und „alte" Sorten jeder erdenklichen Farbe, von anämischem Gelb bis zu düsterem Lila, und verschiedenster Größe, von kichererbsen- bis faustgroß, sind vielleicht weder einheitlich noch makellos, dafür in Aussehen und Geschmack aber wunderbar vielfältig. Zudem sind sie eine wertvolle genetische Ressource für Eigenschaften wie Schädlingsresistenz, Robustheit und wohl auch Geschmack, wenn es denn vorrangig darum ginge. Heute gibt es extrem ertragreiche massenproduzierte, maschinell erntbare, perfekt geformte Tomaten – die zugleich nur allzu oft nach gar nichts oder fade süß schmecken.

Jede Sorte mundet am besten, wenn den Früchten genug Zeit zum Reifen am Strauch gegeben wird, aber weil sie unachtsam behandelt werden oder lange Wege zurücklegen müssen, pflückt man in der Regel die harten, grünen Früchte. Danach lässt man sie dann künstlich nachreifen mithilfe von Ethylen, einer Substanz, die Pflanzen als natürliches Reifungshormon bilden (s. *Nuytsia*, S. 129), die in dem Fall aber aus der Ölindustrie stammt. Die Notwendigkeit, die Reifung zu befördern oder aufzuhalten, hat zu allerlei Experimenten und der interessanten Entdeckung geführt, dass nicht nur die Blüten der Pflanze auf Vibration reagieren. So fand man kürzlich heraus, dass die laute Beschallung unreif geernteter Tomaten (dieses Mal mit dem hohen C und sechs Stunden lang) deren Reifung um volle sechs Tage hinauszögert. Erstaunlicherweise scheinen die Vibrationen die Art und Weise zu beeinflussen, wie die Früchte ihr eigenes Ethylen produzieren.

Spanien, das die Tomate in Europa eingeführt hat, schätzt sie auch am meisten. Sehr lecker ist das Nationalfrühstück *pan con tomate* – Brot wird mit Knoblauch eingerieben, mit herbem grünem Olivenöl beträufelt und mit gehackten Tomaten aus der Region belegt. Der Stolz auf die Tomate und die Liebe zu ihr gipfeln in der Tomatina, einem Sommerfest, das seit 1945 in Buñol bei Valencia stattfindet und ein sehr spanisches Vergnügen ist. Lkw laden auf dem zentralen Platz Tausende Tonnen überreifer, matschiger Tomaten ab, mit denen sich in einer körperbetonten, äußerst sinnlichen roten Orgie zwei Teams (nicht im strengen Sinn) bewerfen. Beim Anblick von so viel Tomate fällt es schwer, nicht an die Unterwerfung Mittelamerikas zu denken und auch an das dabei geflossene Blut.

Helicodiceros muscivorus
Arum maculatum

SPANIEN (UND ENGLAND, USA, BRASILIEN)

Drachenmaul

(mit Geflecktem Aronstab, Dieffenbachien und Baum-Philodendron)

Helicodiceros muscivorus und andere

Oft seltsam, bisweilen auch abstoßend oder gar obszön, sind die Angehörigen der Familie der Aronstabgewächse nie langweilig. Man erkennt sie an ihren Blütenständen – komplexen Gebilden mit einem speziellen einzigen Hochblatt (Spatha), das einen Kolben umhüllt. Der mit vielen kleinen Einzelblüten besetzte Kolben kann oft Hitze hervorbringen, die die Duftverbreitung verbessert; manche riechen süß, andere stinken geradezu.

Beim Drachenmaul, einer niedrigen Pflanze, die an den Küsten Korsikas, Sardiniens und einiger kleinerer Mittelmeerinseln in Granitspalten wächst, verhüllt ein harmlos aussehendes geflecktes Hochblatt ein schauerliches Inneres. Um Schmeißfliegen anzulocken, auf deren Bestäubung es für seine Vermehrung angewiesen ist, hat es sich zur wohl abstoßendsten Pflanze der Welt entwickelt. Getreu seinem Namen präsentiert es sich, vielleicht schlimmer noch als die Riesenrafflesie (s. S. 124), als betäubend stinkendes Aas; knallrote, pickelähnliche Flecken auf dem fleischrosa Hochblatt ahmen mit Fliegen besetztes, verwesendes Fleisch nach, und seine scheußlichen Haare leiten die Gäste zum Hauptgericht. Am Ansatz des tierschwanzähnlichen warmen Kolbens befindet sich ein feuchter, dunkler Haufen Fliegen, der an den behaarten Anus einer faulenden Leiche erinnert. Manche Fliegen legen hier ihre Eier ab, doch die schlüpfenden Maden haben nichts zu fressen und verhungern; andere krabbeln in eine Kammer, wo ein Kranz horizontaler Haare sie einschließt. Nach ein paar Tagen, an denen die weiblichen Blüten mit allem Pollen bestäubt werden, den die Fliegen an sich tragen, schütten die männlichen Blüten eine frische Ladung Pollen über den Fliegen aus, und die Falle öffnet sich wieder. Die Pflanze lockt Fliegen also an, schreckt größere Tiere, die sie schädigen könnten, jedoch ab, denn diese meiden verwesendes Fleisch wie wir. Nur hungrige balearische Eidechsen lauern auf den warmen Hochblättern und schnappen lässig nach einigen der Schmeißfliegen, die der verführerischen Pflanze erlegen sind, und revanchieren sich bei dieser, indem sie ihre Samen fressen und ausscheiden.

Dem Drachenmaul im Aufbau sehr ähnlich, aber weit weniger eklig ist der Gefleckte Aronstab (*Arum maculatum*); die in wärmeren Teilen Nordeuropas verbreitete wadenhohe Waldpflanze ist für die menschliche Nase praktisch geruchlos. Ihr englischer Name *cuckoo-pint* („Männerschwanz“), einer von über hundert ähnlichen, leitet sich vom altenglischen Wort für „lebhaftes, äh, männliches Anhängsel“ ab, und tatsächlich verhüllt sein Hochblatt – eine grüne Kapuze – einen warmen, aufgerichteten kleinen, braunen Kolben, der bestäubende Mücken anlockt, die erst nach einer Nacht wieder freikommen.

Im Spätsommer locken die leuchtend orangeroten Samen an den kräftigen Fruchtständen Vögel an. Für uns sind die meisten Teile der Pflanze giftig, doch ihre stärkereichen Wurzelknollen wurden einst gebacken, pulverisiert und als „Portland-Sago" verkauft (nach der Gegend im südwestenglischen Dorset, wo er im 19. Jahrhundert als Stärke für Manschetten und Kragen sowie Dickungsmittel für Milchpudding hergestellt wurde).

Die im feuchten tropischen Amerika heimischen Dieffenbachien haben auffälliges buntes Laub, das sie zu beliebten, aber nicht ungefährlichen Zimmerpflanzen macht. Abgesehen von ihrer Schutzausrüstung aus Giften und Reizstoffen verfügen sie über spezielle, Raphiden (nadelförmige Kristalle) enthaltende, unter Druck stehende Zellen. Beißt ein Tier in einen Stängel, schießen zahlreiche Raphiden in die Membranen seines Mauls, was den Transport der Gifte beschleunigt und sofort starke Schmerzen hervorruft. In Nordamerika wurden Dieffenbachien zur Zeit der Sklaverei als Straf- und Foltermittel verwendet. Das Anschwellen von Kehle und Zunge hinderte am Sprechen, weswegen die Pflanze dort noch immer *dumb cane* genannt wird: „Schweigrohr".

Der in südamerikanischen Wäldern beheimatete Baum-Philodendron (*Philodendron bipinnatifidum*) verhält sich zum Gefleckten Aronstab wie der Tiger zur Katze: Er ist ein wucherndes, struppiges Gebilde auf über mannshohen, gedrehten Stämmen mit Augenmuster. Ein spiraliges grünes Hochblatt umhüllt den mit Tausenden winziger, cremeweißer Blütchen bedeckten, unterarmlangen Riesenkolben. Der erhitzt sich in der Abenddämmerung auf unglaubliche 40 °C und behält diese Temperatur für etwa eine halbe Stunde konstant bei, auch wenn die umgebende Luft sich bis auf rund 5 °C abkühlt. Keine andere Pflanze produziert eine vergleichbare Hitze, die zudem nicht wie bei ihnen aus Stärke oder Zucker entsteht, sondern wie bei Tieren aus dem Verbrauch von Fett. In Relation zu ihrem Gewicht entspricht der Stoffwechsel der Blütchen dem extrem schnellen von Kolibris; an kühlen Abenden erzeugt einer seiner Blütenstände also die Energieleistung eines kleinen Hunds. In der Dämmerung zieht die Pflanze mit ihrem würzigen Duft nach Vanille, schwarzem Pfeffer und einem Hauch Kampfer viele flugfähige Mistkäfer an. Sind sie erst im Vorzimmer des Kolbens gelandet, bleibt ihnen nichts anderes übrig, als die vermeintliche Gastfreundschaft der Pflanze anzunehmen und über Nacht zu bleiben. Sie treiben es in der Wärme miteinander, laben sich an kräftigenden Sekreten und schmieren sich dabei mit klebrigem Harz ein, an dem Pollen haften bleibt, wenn sie am Morgen wieder ihres Weges gehen. Die Aronstabgewächse sind richtig üble Manipulatoren.

Dieffenbachia
Philodendron bipinnatifidum

ITALIEN

Echte Alraune

Mandragora officinarum

Dem Irrglauben zum Trotz, die Alraune sei eine reine Fabelpflanze, ist sie durchaus real, und viele der mit ihr verknüpften, bizarren abergläubischen Vorstellungen haben einen wissenschaftlichen Kern.

Die Alraune ist im trockenen südlichen Mittelmeerraum und im Nahen Osten heimisch und gehört wie die tödliche Tollkirsche und die keineswegs harmlose Kartoffel (s. S. 150) zur Familie der illustren Nachtschattengewächse. Dicht am Ansatz der dunklen, lattichähnlichen Blätter, die am Boden eine flache Rosette bilden, sitzen hübsche glockige, violette Blüten. Die Früchte sind glänzend, rund und walnussgroß, reifen in erst hellgrünen, dann tiefgoldenen Haufen heran und verströmen kurzzeitig einen moschusartigen, merkwürdigen Duft. Er hat zum biblischen Ruf der Pflanze als Aphrodisiakum beigetragen. Sie kommt im erotischen Hohelied Salomos vor und taucht auch im 1. Buch Mose auf, wo die kinderlose Rachel von den für ihre Schwester bestimmten Alraunen etwas abhaben will, um ihren Ehemann Jakob zurückzugewinnen.

Ihr unbedachter Verzehr ist nicht zu empfehlen. Alle Teile der Pflanze, besonders aber ihre Wurzeln, enthalten Tropan-Alkaloide, Substanzen, zu denen starke Heilmittel und Gifte gehören; deren Mischung in der Alraune kann Schmerz betäuben und Schlaf herbeiführen, aber auch Halluzinationen, Delirium und unter Umständen Koma und Tod verursachen. In der Antike war ihre narkotisierende Wirkung bekannt; der karthagische General Hannibal hinterließ bei Schlachten leckeren, mit Alraune gewürzten Wein; der junge Cäsar entkam mithilfe eines ähnlichen Tricks Seeräubern; und das Wort Anästhesie kommt nachweislich erstmals 60 n. Chr. beim griechischen Arzt Dioskurides im Kontext der Verwendung von Alraunenwein bei Operationen vor.

Eine Pflanze, deren gespaltene Wurzeln seltsam menschlich aussehen (besonders wenn man sie entsprechend zurechtschnitzt und Hirsekörner als Augen einsetzt) und die Wahnsinn hervorrufen kann, für den man böse Geister verantwortlich machte, musste übernatürlich sein. Im antiken Griechenland schrieb man ihr Zauberkräfte zu; Circe, Zauberin und Göttin der Magie, verführte damit die Begleiter des Ulysses. Der griechische Naturkundler Theophrast bezeichnete die Alraune um 300 v. Chr. als geheimnisumwobene, mit Sexualität verknüpfte starke Arznei. Entsprechend bizarr beschrieb er ihre Ernte: Man umkreiste die Wurzel dreimal mit einem Schwert und grub sie dann mit westwärts gerichtetem Gesicht aus, während jemand anderes im Kreis tanzte und ihre Liebeskraft besang.

Im 4. oder 5. Jahrhundert empfahl der unbekannte Autor Pseudo-Apuleius eifrig-schaurig, eine im Dunkeln leuchtende Alraune (vielleicht lockte ihr Duft Glühwürmchen an) von einem an ihr festgebundenen Hund aus der Erde ziehen zu lassen, weil andernfalls die ortsansässigen Dämonen anfangen würden zu schreien. Derlei Aberglaube wurde vielleicht durch die unsachgemäße Verwendung der Alraune als Narkosemittel befördert. Aus dem 9./10. Jahrhundert stammen Berichte über einen mit Alraune, Schierling, Opium unter anderem hergestellten Schlafschwamm, den man Patienten unter die Nase hielt. In modernen Experimenten konnte nachgewiesen werden, dass Schmerzbefreiung rein durch Inhalieren nicht funktioniert; wahrscheinlich assoziierte man mit der Pflanze deswegen schreiende Patienten. Mit Dämonengeschichten und dem hübschen Aberglauben, Alraunen keimten aus dem Samen gehenkter Männer, hielt man die Menschen vielleicht auch vom Diebstahl der Pflanze ab, die eine kostbare Ware geworden war. Beim bedeutenden europaweiten Handel mit italienischer *mandragora* ging es nicht nur um Medizinisches. Die Wurzeln trug man als Talismane gegen Unglück bei sich und vererbte sie sogar weiter, wobei sie in den falschen Händen zu Teufelswerkzeug werden konnten. 1431 wurde die Häresie-Anklage der Jeanne d'Arc in Frankreich mit der Behauptung unterfüttert, sie besitze eine Alraunenwurzel, die allgemein als Hexengerät galt.

Mehrere Quellen aus dem 14./15. Jahrhundert erwähnen Hexensalben aus Alraune und anderen psychoaktiven Pflanzen, die zerstoßen und mit Fett vermengt wurden. Solche Cremes beschleunigen die Aufnahme der halluzinogenen Alraunenbestandteile über die Haut, besonders die Schleimhäute. Eine Substanz, Hyoscin, soll das Gefühl zu fliegen hervorrufen, was erklärt, warum so viele mittelalterliche Holzschnitte nackte oder halbnackte Hexen zeigen, die rittlings auf Besen sitzen und durch die Lüfte fliegen – eine bis heute verbreitete Vorstellung. Die Verwendung der Alraune als Narkosemittel endete Mitte des 19. Jahrhunderts mit der Einführung von Äther und Chloroform, aber manch andere althergebrachte Assoziation blieb erhalten. In den 1930ern hieß einer der ersten Comic-Superhelden Mandrake („Alraune") the Magician (dt.: Mandra, der Zauberer). In den 1960ern verband man die Beruhigungspille Mandrax als einzige von mehreren ähnlichen Produkten mit promiskuitivem Sex. Und heute gibt es mindestens ein Parfüm namens Mandragora, das zugleich wehrlose Hingabe und verführerische Kräfte bewirken soll – wie schon seit Tausenden von Jahren.

ITALIEN

Rizinus

Ricinus communis

Rizinus, der überall in den Tropen vorkommt und dort die Größe eines kleinen Baums erreichen kann, stammt vom Horn von Afrika und kam mit den Römern nach Italien, die exotische Pflanzen als Schmuck für ihre Villen sammelten. In gemäßigten Klimata ist er ein großer, widerstandsfähiger Strauch, den man wegen seiner Form für die Bepflanzung städtischer Beete und wegen seiner beeindruckend großen, glänzenden Blätter schätzt. Als windbestäubte Pflanze benötigt er keine leuchtenden Blütenblätter, um Insekten oder andere Überträger anzulocken; interessant sind seine Früchte. Die stacheligen Kapseln färben sich korallen- und zinnoberrot, bevor sie platzen und je drei glänzende Samen mit einem Tarnmuster herausschleudern, das sie vor Nagetieren schützt.

In seinem heimischen Habitat hat der Rizinus eine beidseitig zufriedenstellende Beziehung zu Ameisen ausgebildet. Am einen Ende der (1 cm langen) Samen sitzt eine besonders fett- und eiweißreiche Samenwarze (Elaiosom). Gruppen von Ameisen transportieren die Samen zu ihren Nestern, verfüttern das nährstoffreiche Ölkörperchen an ihre Larven und legen die nach wie vor entwicklungsfähigen Samen auf dem nahen Abfallhaufen ihrer Kolonie ab: sehr vorteilhaft für die Sämlinge, die somit auf gehaltvollem Dünger gedeihen. Eine solche Samenausbreitung durch Ameisen heißt wohlklingend Myrmekochorie.

Als Angehöriger der Familie der Wolfsmilchgewächse, von denen viele Toxine und Bitterstoffe enthalten, hat der Rizinus eines der tödlichsten Gifte der Welt in seinen Samen, Rizin. Die Hälfte eines Tausendstelgramms im Blut kann tödlich wirken. 1978 wurde der bulgarische Journalist und Dissident Georgi Markow in London ermordet, indem ihm mit einem präparierten Regenschirm eine stecknadelkopfgroße Kugel mit Rizin ins Bein gestochen wurde.

Aus den Samen wird auch Rizinusöl gewonnen, dessentwegen die Pflanze vor allem in Nordindien kommerziell angebaut wird. Da das Rizin den Produktionsprozess nicht übersteht, wird das Öl seit 4000 Jahren medizinisch genutzt, vor allem als Abführmittel. Seine Hochzeit hatte es im 19. Jahrhundert, als Reklame besorgten Eltern nahelegte, ihren unter Verstopfung leidenden Kindern ein oder zwei Teelöffel davon zu verabreichen. Bisweilen wurde das dickflüssige Öl, das nach Lippenstift mit einem übelkeiterregenden Hauch Seife und Vaseline schmeckt, auch als Strafe eingesetzt. Kein Wunder, dass es aus der Mode gekommen ist.

Doch noch in jüngerer Zeit wurde es für einen schlimmen Zweck verwendet. In den 1920er- und 1930er Jahren zwangen faschistische Schergen unter Mussolini politische Gegner, es zu schlucken – eine Methode der Demütigung

und manchmal der tödlichen Folter. So ist eine Pflanze, die in vielen Ländern bei Älteren heitere Erinnerungen an treusorgende Eltern weckt, in Italien ein starkes, trauriges Symbol; *usare l'olio di ricino* (Rizinusöl einnehmen) kann dort noch immer „zwingen" oder „misshandeln" bedeuten.

ITALIEN

Artischocke

Cynara cardunculus

Wild existiert die Artischocke nicht, vielmehr ist sie wahrscheinlich eine mittelalterliche Zuchtform der Cardys, eindrucksvoller Angehöriger der Korbblütlerfamilie, deren Stiele schon in der Antike gegessen wurden. Ihr Trivialname kommt aus dem Arabischen, der Sprache der Händler, die sie nach Europa brachten. Ihr botanischer Name wird gern zu Unrecht auf einen (nicht existierenden) griechischen Mythos um Cynara zurückgeführt, die Zeus zur Strafe für irgendeine Verfehlung in dieses Gemüse verwandelt haben soll.

1948 erklärte das kalifornische Castroville die angehende Schauspielerin Norma Jeane Mortenson, die gerade als Marilyn Monroe von sich reden machte, zur ersten Artischocken-Ehrenkönigin. Zu deren eher leichten Pflichten gehörte es, sich mit Artischockenbauern zu treffen und vor allem mit der Schärpe fotografieren zu lassen. Heute rühmt das marketingstarke Castroville sich eines Artischockenfestivals und der, wirklich wahr, weltgrößten Betonartischocke. Und obwohl Italien achtmal so viele Artischocken erntet wie die gesamten USA, nennt das Städtchen sich „Weltzentrum der Artischocke".

Artischockenpflanzen sind kräftig, haben stämmige, mannshohe Stängel und tief gelappte, blaugrüne Blätter. Ihre Blütenstände sind von ledrigen Brakteen umhüllt – Deckblättern, die die im Innern sich bildenden Blüten schützen. Man lässt sie kaum einmal blühen, aber wenn, dann wachsen faustgroße, blaulila, süß duftende, langlebige Blüten heran, die aus Hunderten schimmernder Blütchen zusammengesetzt sind.

Taucht man die Blütenstände in Wasser, treten Enzyme aus, die warme Milch gerinnen lassen. Die so entstehenden spanischen und italienischen traditionellen Käse haben eine weiche, buttrige Konsistenz, eine milde Bitterkeit und empfehlen sich besonders für Menschen, die Lab meiden wollen, das übliche, aus Kalbsmägen gewonnene Gerinnungsmittel.

Die meisten Artischocken werden verzehrt, bevor die Blütenstände sich öffnen. Am besten sollen sie schmecken, wenn man ihre Herzen mit ein wenig Orange grillt, aber ein leckeres, herrlich ferkeliges Vergnügen ist es auch, die gedämpften Deckblätter im Ganzen mit viel geschmolzener Butter aus einer gemeinsamen Schüssel zu essen. Dringt man dann zu ihrem Geheimnis vor, versöhnen ihre zarten Herzen einen mit der Welt, denn ihre ungewöhnliche Chemie bewirkt, dass danach sogar schlichtes Wasser süß schmeckt.

GRIECHENLAND

Gewöhnliche Myrte

Myrtus communis

Die Myrte ist ein Strauch oder kleiner Baum mit glänzenden, ledrigen Blättern und ein typisches Gewächs der Mittelmeer-Macchia, eines Habitats mit heißen, trockenen Sommern und regnerischen Wintern. Der süße Duft seiner auffälligen weißen Blüten lockt Hummeln zu einer Fülle langer, blasser Staubgefäße, an deren Spitzen gelber Pollen sitzt. Myrtenbeeren sind blauschwarz und riechen nach Rosmarin, Wacholder und Kiefer. Sie verleihen Spirituosen und Gerichten Würze und sind eine beliebte Speise für Rotkehlchen, Mönchsgrasmücken und Grasmücken. Die Samen keimen besonders gut, wenn sie im Verdauungstrakt von Vögeln leicht abgescheuert und mit etwas Dünger als Starthilfe ausgeschieden werden.

Laut der griechischen Mythologie vertrieb Phädra, die in einem Myrtenbaum sitzend auf Hippolytos' Heimkehr von einem Ausritt wartete, sich die Zeit damit, die Blätter mit einer Haarnadel zu durchlöchern. Und tatsächlich: Hält man ein Blatt gegen das Licht, glitzern auf der ganzen Oberfläche nadelstichgroße, helle Punkte. Es sind Öldrüsen, die Pflanzenfresser abschreckende beißende Verbindungen produzieren und speichern; die gleiche Funktion erfüllen auffällige rote Punkte auf den Blättern, die nur scheinbar hart und schmerzhaft scharf sind. Die Myrte ist der einzige europäische Angehörige der Pflanzenfamilie, zu der auch Gagelstrauch, Teebaum und Piment gehören, mit stark riechenden Blättern. Reibt man sie zwischen den Fingern, geben sie einen starken Duft ab, der an Eukalyptus (ein anderes Clanmitglied) erinnert, aber klarer und komplexer ist und an Öl und Leinwand denken lässt.

Die Griechen und Römer verbanden die immergrüne Myrte mit Unsterblichkeit, Fruchtbarkeit und ewiger Liebe. Sie war Aphrodite beziehungsweise Venus geweiht und wurde zu Braut- und Siegerkränzen geflochten. In Mesopotamien wurde sie vor 4000 Jahren laut dem Gilgamesch-Epos bei Opferritualen verwendet. Im Laufe der Jahrtausende ging sie in die religiösen Traditionen praktisch aller Kulturen des östlichen Mittelmeerraums und Nahen Ostens ein. Das ist wahrscheinlich kein Zufall, sondern spricht für eine gemeinsame Wurzel und erinnert daran, wie stark diese Kulturen einander beeinflusst haben. Die Menschen dort haben mehr gemeinsam, als ihnen vielleicht bewusst ist.

TÜRKEI

Echtes Süßholz oder Lakritze

Glycyrrhiza glabra

Echtes Süßholz, ein kräftiger, buschiger Strauch, stammt aus Eurasien und dem östlichen Mittelmeerraum, wächst dort wild und wird viel angebaut. Die kegelförmigen Trauben fingernagelgroßer, violetter und weißer Blüten reifen zu Büscheln behaarter Hülsen heran, die an struppige, braune Flaschenbürstchen erinnern. Wenn die Hülsen ihre verblüffend weichen Haare verloren haben, ist ihre Familienähnlichkeit mit Erbsen und Bohnen besser zu erkennen. Die blass graubraunen Wurzeln und langen unterirdischen Sprossachsen sind innen gelb und enthalten Anethol, das nach Anis schmeckt, und Glycyrrhizin, eine Substanz mit der 50- bis 100-fachen Süßkraft von Zucker, die sich im Mund langsamer entfaltet, aber viel länger erhalten bleibt.

Lakritze kommt in allen antiken medizinischen Texten Mesopotamiens, Chinas, des alten Ägypten, Indiens, Griechenlands und Roms vor. Man behandelte damit Husten und Erkältungen, linderte Asthma und gab sie als mildes Abführmittel bei Verstopfung. Im alten Griechenland hieß sie *glykyrrhiza* von *glykis* (süß) und *rhiza* (Wurzel), bei den Römern entsprechend *radix dulcis*. Im 14. Jahrhundert wurde sie in ganz Europa angebaut und galt als Inbegriff von Süße und angenehmem Geruch – damals hochwillkommene, seltene Eigenschaften. In Geoffrey Chaucers *Canterbury-Erzählungen* kommen ein Scholar vor, der „so süß … wie … Lakritzensaft" war, und ein Liebhaber, der vor einem Rendezvous „Lakritz und Körner" kaute, „um süß zu duften". Im Deutschen kennt man die Wendung „Süßholz raspeln".

Stücke der Wurzel, die Chaucer kannte, erhält man in Naturkostläden, doch heute wird sie überwiegend zu einem Extrakt verarbeitet. Die trockenen Wurzeln werden zerstampft und gekocht und verändern dabei stark ihre Farbe; die tintige Brühe wird abgeseiht, erneut gekocht und ergibt einen Sud, mit dem Tabak, Kaugummi, Atemerfrischer und Getränke wie Craft-Stout und Rootbeer aromatisiert werden. Außerdem wird er mit Zucker, Wasser, Gelatine und Mehl zu einer tiefschwarzen, formbaren Paste verrührt, aus der bei Erstarrung die Süßigkeit Lakritze wird.

Nachdem Süßholz mit aus dem Nahen Osten heimkehrenden Kreuzfahrern Britannien erreicht hatte, pflanzten Mönche des Kluniazenserklosters von Pontefract es an. Die nordenglische Stadt entwickelte sich zu einem Zentrum des Süßholzanbaus, das auch erkleckliche Mengen ausführte. Bis der Zweite Weltkrieg die Rohstoffzufuhr stoppte, waren dort in einem Dutzend konkurrierender Betriebe 9000 Beschäftigte tätig, die wöchentlich 400 t Lakritze herstellten. Heute wird nur noch ein Bruchteil davon erzeugt, aber zwei Fabriken produzieren noch die beliebte Nostalgiemarke Liquorice Allsorts, bei der sich

wie beim Haribo-Konfekt Lakritzschichten mit bunten, aromatisierten Lagen abwechseln, und „Pontefract cakes“, dicke Taler aus einer konzentrierten, die Zunge schwarz färbenden Leckerei. Lakritze erfreut sich besonders in Skandinavien großer Beliebtheit und wird da oft mit Salmiak vermischt, einer scharfen, merkwürdig salzigen Substanz. Diese Salmiaklakritze, von deren Verzehr Kindern abgeraten wird, ist so richtig Nordic Noir: scheußlich und köstlich zugleich.

Wir verbinden Lakritze so sehr mit Süße oder zumindest angenehmem Geschmack, dass wir uns kaum vorstellen können, dass sie auch schädlich sein kann, aber Glycyrrhizin ist keineswegs harmlos. Bei äußerer Anwendung hilft es anscheinend gegen Verbrennungen, aber der zweiwöchige Verzehr von einer Handvoll Lakritze täglich kann Teile des Hormonsystems beeinträchtigen und Bluthochdruck, Herzrhythmusstörungen und Muskelschwäche verursachen. Ständige Lakritzgelage haben schon zu Krämpfen und temporärer Blindheit geführt. Als medizinisch unbedenklich gilt eine Tagesration vom Gewicht eines Eis, aber keinesfalls täglich, da der Körper Lakritze nur langsam abbaut. In Finnland wird Schwangeren der komplette Verzicht empfohlen; sie selbst würden zwar kaum Schaden nehmen, doch regelmäßiger Verzehr erhöht die Wahrscheinlichkeit einer Frühgeburt und führt anscheinend dazu, dass sich Stresshormone über die Plazenta auf das Baby übertragen, was sich auf dessen Hirnentwicklung auswirkt und mit späteren Verhaltensstörungen korreliert.

600 Jahre nach Chaucer meinte Jerry Garcia über seine Band Grateful Dead: „Wir sind wie Lakritze. Nicht jeder mag sie, aber die, die sie mögen, mögen sie wirklich.“ Stimmt. Und diese Leute sollten besonders vorsichtig damit sein.

ISRAEL

Zitronatzitrone

Citrus medica

Die kleine, dornige immergrüne Pflanze stammt aus China und gelangte um 600 v. Chr. in den Westen. Zusammen mit Mandarinen und Pampelmusen ist sie eine der ursprünglichen Zitrusarten, aus denen andere, wie Orangen und Grapefruits, gezüchtet wurden. Zitronen wurden in Europa bis Mitte des 15. Jahrhunderts nicht so viel angebaut.

Zitronatzitronen können ganz unterschiedlich groß sein, wie eine große Zitrone bis hin zum Rugbyball, verändern ihre Farbe beim Reifen von Hellgrün bis Goldgelb und sehen wie überdimensionierte Zitronen aus. Ähnlich, aber viel intensiver ist auch ihr Geruch, der nach Berührung lange an der Haut haften bleibt. Die Unterschiede zeigen sich, wenn man die Frucht durchschneidet. Die äußere Schale ist rau und zäh, die weiße Fruchtwand nicht besonders bitter, aber dick, und das hellgrüne Fruchtfleisch, das nur etwa ein Fünftel der Frucht ausmacht, steckt voller Kerne und ist kaum sauer.

Um 300 v. Chr. erwähnte der griechische Philosoph Theophrast die Wirksamkeit der Zitronatzitrone als Atemerfrischer und Anti-Motten-Mittel. Er nannte sie Apfel Persiens oder Mediens (wie die Region damals hieß), und so und nicht mit einer speziellen Verbindung zur Medizin erklärt sich ihr wissenschaftlicher Name.

Weil die Juden sie in ihre religiöse Tradition aufnahmen, wurde die Zitronatzitrone vor mehr als 2000 Jahren rasch im Mittelmeerraum verbreitet; heute wird sie noch in Marokko, Frankreich und Italien angebaut. Und auch in Israel findet man sie viel; dort heißt sie Etrog und spielt neben Palme, Myrte und Weide eine wichtige Rolle beim fröhlichen, zur Erntezeit stattfindenden Sukkot (Laubhüttenfest). Es hat sich eingebürgert, nur die besten Früchte dafür einzukaufen – perfekt symmetrisch und glatt –, und nach dem Fest werden Marmeladen, Duftkugeln und aromatisierter Wodka daraus gemacht. Auch andere Kulturen haben die Frucht in ihre Rituale integriert. In Südostasien bringen Buddhisten die bizarre, vielfingrige Sorte ‚Buddhas Hand‘ als Opfer dar oder verschenken sie an Neujahr als Duft.

Seit Kurzem steht die Zitronatzitrone erneut im Fokus. Forscher untersuchen sie als alternative Limonadenzutat, die weniger Zucker benötigt, um die Säure auszugleichen; und ihre Zesten werden trendigen Kräutertees beigemengt. In kandierter Form, als Zitronat, gehören sie traditionell in bestimmte Kuchenteige wie Stollen oder den italienischen Panettone oder werden, besonders lecker, mit Schokolade überzogen.

ÄGYPTEN

Echter Papyrus

Cyperus papyrus

Papyrus, eine elegante, in seichtem frischem Wasser stehende Pflanze, kann 5 m hoch werden und trägt auf jedem seiner schlanken Halme eine runde Dolde glänzend grüner Ähren. Die Größe und Dichte der Pflanzen verleiht Papyrussümpfen eine weihevolle Ruhe, die ihr zart holziger, würziger Duft noch verstärkt. In Äthiopien werden die Rhizome der Pflanze – die dicken Wurzelstöcke, mittels derer sie sich vermehrt – als Zutat von Weihrauch für Kirchen verwendet.

Die größten Flächen mit Papyrus liegen in Zentral- und Ostafrika, wo Frischwasser-Feuchtgebiete von der Größe der Schweiz existieren und er den unermesslichen Sudd bis zum Horizont mit einer flauschigen, hellgrünen Decke einhüllt. Während man heute in Ägypten keinen wilden Papyrus mehr findet, spielte er in der Antike in der dortigen Kultur eine wichtige Rolle und bedeckte entlang des Nils und dessen Nebengewässern 6500 km^2. Die Papyrussümpfe lieferten Fisch und Wild, und Teile der Pflanzen selbst wurden gekocht und verzehrt. Aus den getrockneten Fasern der Außenschicht der Stängel wurden Seile, Körbe, Netze und sogar Segel gefertigt. Das weiche, weiße Mark um die hohlen Luftkanäle in ihrem Innern machte Papyrus zum idealen Material für Schilfboote, die den ausgedehnten Transport und Handel von Gütern auf dem Nil und seinen Nebenflüssen ermöglichten. Die Pflanze war ein häufiges Motiv auf Basreliefs und Grabmalereien, und viele der mächtigen Tempelsäulen in Sakkara und Luxor sind in Stein gehauene Papyrusbündel.

Aus Papyrus wurde auch Papier gemacht. Dafür weichte man Streifen des Marks ein, legte sie kreuzweise aufeinander, presste und klopfte sie und trocknete und polierte sie dann. In trockener Wüstenluft blieben Papyrusdokumente erstaunlich lange intakt. Der Papyrus Ebers von ca. 1500 v. Chr. zum Beispiel ist eine 20 m lange Rolle mit 110 Kolumnen voller Kräuter- und Heilwissen, das ein lebendiges Bild vom Leben im alten Ägypten vermittelt. Bis etwa 900 n. Chr. war Papyrus der einzige Beschreibstoff in der Region. Die antiken griechischen Autoren und die römischen Beamten benutzten ihn, und sein Name lebt in Wörtern fort, die wir mit dem geschriebenen Wort assoziieren: Im Griechischen heißt das Papyrusmark *biblos* – die Wurzel von „Bibliografie" und „Bibel". Das Wort Papyrus selbst ist auch griechisch; es benannte zunächst die essbaren Teile der Pflanze und hat uns das Wort „Papier" geschenkt. Wie passend, dass im Papyrussumpf der heilige Ibis lebte, mit dessen Kopf Thoth dargestellt wird, der Bote des lebenspendenden Nil, Gott der Weisheit und Schutzgott der Schreiber.

Im 1. Jahrhundert, als Plinius d. Ä. den Papyrus mit der „Unsterblichkeit des Menschen" in Verbindung brachte, bezog er sich wahrscheinlich darauf, dass Kulturen auf das geschriebene Wort angewiesen sind. Vielleicht ist seine Bemerkung aber auch wörtlicher gemeint. Wenn die alten Ägypter starben, wurden ihre Seelen mit Papyrusbooten nach Aaru gebracht, dem Gefilde der Binsen, samt dem Totenbuch – einer Papyrusrolle mit Karte und Wegbeschreibung.

JEMEN

Echte Myrrhe

Commiphora myrrha

Der struppige, knorrige Myrrhenbaum ist bestens an die Wüsten der Arabischen Halbinsel und des Horns von Afrika angepasst. Seine spärlichen kleinen, wachsigen Blätter verringern den Flüssigkeitsverlust, und seine scharfen Dornen schrecken Pflanzenfresser ab. In der unteren Borke unter der papierähnlichen, abblätternden äußeren Borke sitzen spezielle Kanäle mit einem weiteren Schutz: einer klebrigen, durchsichtigen, gelblichen Mischung aus (wasserlöslichem) Gummi, duftendem (nicht wasserlöslichem) Harz und Öl. Bei Beschädigung sondert die Borke diese Mischung ab, die Insekten, wie zum Beispiel Termiten, abschreckt, ihre Mundwerkzeuge versiegelt oder zumindest verschmiert. Sie zerstört Bakterien und Pilze und verschließt Wunden gegen Infektionen, da sie an der Luft erstarrt. Ritzt man die Borke an, schwitzt der Baum eine größere Menge davon aus; die gehärteten Klumpen sind die wertvolle Myrrhe, mit der heute Handel getrieben wird. (Bei der biblischen Myrrhe handelt es sich wahrscheinlich um *Commiphora guidottii*, eine andere, ähnliche Art aus Äthiopien und Somalia.)

Die biblische Myrrhe gelangte vor 5000 Jahren mit Kamelkarawanen nach Ägypten, wo man Leichen mit ihr präparierte und einbalsamierte. Im Alten Testament kommt sie als Weihrauch vor, außerdem werden ihre aphrodisierende Wirkung und ihr Duft erwähnt. Im Buch der Sprüche Salomos ist Myrrhe der Duft der Huren, im Hohelied Salomos der der Liebenden. Neben Weihrauch und Gold war sie ein passendes kostbares Geschenk der Heiligen Drei Könige für das Jesuskind. Mit Myrrhe werden noch immer Parfüms, Weihrauch und scheußlich adstringierende antiseptische Mundwässer hergestellt – *murr* ist altsemitisch für „bitter".

Im Zuge ihrer langen Geschichte ist die Myrrhe zum Stoff von Legenden geworden. Laut der griechischen Mythologie hatte Myrrha unwissentlich eine inzestuöse Liebelei mit ihrem Vater (passierte damals leicht), und um sie von erneuten Annäherungsversuchen abzuhalten, griffen die Götter zum üblichen Mittel und verwandelten sie in einen Baum. Als solcher gebar sie Adonis, und ihre Tränen wurden zur duftenden Wundflüssigkeit Myrrhe.

1805 konservierte man die Leiche von Vizeadmiral Horatio Nelson auf seiner letzten Reise von der Schlacht von Trafalgar nach England in mit Myrrhe versetztem Brandy. Soweit stimmt die Geschichte, nicht aber, dass die Mannschaft das Fass angezapft habe, um auf ihren Helden anzustoßen. Hätten sie es getan, wären die Männer zumindest mit frischem Atem heimgekehrt.

REPUBLIK GUINEA

Afrikanische Ölpalme

Elaeis guineensis

Würdevoll, aber zerzaust, mit einem einzigen, auffälligen Stamm und einer Krone aus langen, gefiederten Wedeln, ist die Ölpalme in ihrem natürlichen Habitat, den feuchten Niederungen des äquatorialen Westafrikas, ein vertrauter Anblick. Ihre Früchte von der Größe kleiner Pflaumen sind feurig orange bis weinrot und bilden schwere Trauben von je Hunderten. Sie sehen appetitlich aus, aber ihr zähes und glitschiges, faseriges Fruchtfleisch macht sie ungenießbar; darin steckt ein muskatnussgroßer Stein mit öligem Samen.

In kleinen Dörfern trennen die Menschen mit sichelförmigen Klingen die Früchte büschelweise ab, lassen sie ein paar Tage ausschwitzen oder in Wasser kochen, zerstampfen sie und schöpfen die sich bildende dicke Ölschicht ab. Die bei Zimmertemperatur gerade so eben erstarrende Masse ist eine wichtige Quelle von Kalorien und auch Betacarotin, mit dessen Hilfe der Körper Vitamin A produziert und das zum extrem farbechten Tomatenrot des Öls beiträgt. Der rauchige, buttrige, karottige Geschmack von rotem Palmöl gehört zu Westafrika. Man verwendet es als Würze für Suppen und vor allem als Bratfett, besonders für „palm oil chop“, einen Soul-Food-Eintopf mit Huhn und Rindfleisch.

Weit weg von Westafrika und seiner dörflichen Produktion erzeugen Indonesien und Malaysia auf einigen der größten Plantagen der Erde zusammen ca. 85 % der jährlich 75 000 000 t Palmöl weltweit. Die aus dem Fruchtfleisch und den Samen gewonnenen Öle werden dekoloriert, desodoriert und raffiniert und ergeben fade, billige, aber enorm vielseitige Produkte. Sie werden für Margarine und Backwaren, Instantnudeln, Kartoffelchips, Speiseeis und Süßigkeiten verwendet. Außerdem für Seife, Kerzen und Tierfutter, als chemische Grundstoffe von Plastik, Schmierstoffen und Kosmetik sowie als Schäummittel in Shampoos und Waschmitteln. Wahrscheinlich ist die Hälfte aller verpackten Supermarktwaren irgendwie mit Palmöl hergestellt.

Diese Vielseitigkeit hat ihren Preis. Riesige Teile der Tropenwälder Afrikas, Südamerikas und besonders Südostasiens – einst Zentren der Artenvielfalt und Heimat vieler gefährdeter Tiere und Pflanzen – wurden zugunsten von Ölpalmplantagen abgeholzt, was den Klimawandel verschärft. Den exportierenden Ländern liegt natürlich an den entsprechenden Einnahmen, und die Ölpalme liefert so gewaltige Erträge, dass man, wenn man sie durch andere Nutzpflanzen ersetzen würde, noch mehr Land bräuchte. Daher kann man nur

weitere Waldzerstörung verhindern, die stillgelegten Flächen schützen und der explodierenden Verwendung von Palmöl für andere als Ernährungszwecke, etwa als Biokraftstoff, weltweit entgegenwirken.

Auf den Kleinbauernhöfen in Guinea wiederum beschenkt der Baum die Menschen mit etwas ganz anderem: Palmwein. Ein schwindelfreier Kletterer schneidet ganz oben im Baum Teile der Blüten ab und fängt den austretenden klaren, süßen Saft in Kalebassen oder großen Flaschen auf. Die Flüssigkeit beginnt sofort zu gären und verwandelt sich dank einem Cocktail natürlicher Hefen und Bakterien innerhalb weniger Stunden in eine milchige, sprudelnde Flüssigkeit mit dem Alkoholgehalt eines mittelstarken Biers. Sie hat einen herben, hefigen Geschmack und eine angenehm zitronige Fruchtigkeit mit einem Hauch von Nuss- und Popcornaromen. Palmwein wird an Straßenständen verkauft und ist ein beliebter Durstlöscher, der bei keinem Übergangsritual fehlen darf. Da nur einen Tag haltbar, ist er ganz klar ein regionales Produkt – ein weiterer Pluspunkt.

In den Bars der Hafenstädte, in denen Seeleute Palmwein als Alternative zu Bier tranken, entwickelte sich in den 1940er Jahren ein lieblicher, sanfter Musikstil, bei dem lokale Lieder und Rhythmen sich mit den Songs liberianischer Matrosen und Kalypsomusik aus Trinidad verbanden. Diese sogenannte Palmweinmusik mit Texten voller Volksweisheiten und Scherze über den Alltag und die Liebe war stilistisch der Ursprung des Jùjú und des Highlife. Das gemeinschaftliche Ernten der Früchte, das Abzapfen des Safts und die harmonischen, eklektischen Klänge der Palmweinmusik sind Welten von den straff organisierten Monokulturen des industriellen Ölpalmenanbaus entfernt.

ELFENBEINKÜSTE

Echter Kakaobaum

Theobroma cacao

Als Nutzpflanze gedrungen, in freier Natur größer und eleganter, stammt die Pflanze, die der Welt die Schokolade beschert hat, aus dem oberen Amazonasbecken Perus, Ecuadors, Kolumbiens und Brasiliens. Der schattenliebende Baum ist gut ans feuchte Unterholz der tropischen Regenwälder angepasst; seine dunklen, immergrünen Blätter würden die glutheiße volle Sonne nicht vertragen, und deren Träufelspitzen verbessern den Abfluss des Regenwassers und verhindern so Infektionen.

Überraschend sind die Blüten, die, blutrot und gelblich, fingerhutgroß und fünfzählig, zu mehreren direkt am Stamm und an den älteren Ästen sitzen. Dass es sehr viele sind, ist gut, denn von 1000 Blüten reift nur eine Handvoll zu Früchten heran. Die Bestäubung erfordert mehrere Besuche kleiner Stechmücken, zudem verfärben sich einige der unreifen Früchte schwarz, schrumpeln und erleichtern so die schwere Last des Baums. Die überlebenden „Schoten“ entwickeln sich aus den befruchteten Blüten und sind mit kräftigen Stängeln direkt am Stamm verankert. Diese auffällige sogenannte Kauliflorie ermöglicht es tropischen Bäumen wie Jackfrucht, Durian oder eben Kakao vielleicht, schwere Früchte zu tragen und ihre Samen von großen Tieren ausbreiten zu lassen. Nach sechs Monaten sind die Schoten reif: halb so groß wie ein Rugbyball und mit einer harten, ledrigen Schale in Gelb, Kürbisorange oder gar Aubergine. Jede enthält etwa 40 große, blassrosa Samen („Bohnen“), die in nahrhaftem, süßsaurem Fruchtfleisch stecken, das sich wohl zur Lockspeise für Affen und große Nagetiere namens Agutis entwickelt hat. Sie haben die Samen vermutlich ganz verschluckt, um die darin enthaltenen bitteren Substanzen Koffein und Theobromin zu meiden, deren aufputschende Wirkung wir gerade schätzen.

Heute kommen mehr als 40 % der weltweiten Kakaoernte von der Elfenbeinküste in Westafrika. Die Schoten werden gepflückt und die Bohnen ein paar Tage lang vergoren, was ihnen dank der biochemischen Magie natürlicher Hefen und Bakterien intensive Aromen verleiht. Um daraus Schokolade zu machen, werden die gegorenen Bohnen geröstet und zerstoßen, was Kakaomasse und Kakaobutter ergibt, denen man Zucker und anderes beimengt. Der sinnliche Genuss von im Mund zergehender Schokolade rührt von den Kakaofetten her, die etwa bei Körpertemperatur schmelzen; Kenner berichten, gute Schokolade kühle fast unmerklich den Gaumen, weil die Fette beim Übergang von fest zu flüssig Wärme absorbieren.

Die Schokoladentafel ist eine Erfindung des 19. Jahrhunderts, doch bei Ausgrabungen im südöstlichen Ecuador stieß man auf 5300 Jahre alte Rückstände von Kakaogetränken, und ab 400 v. Chr. legten die Olmeken in Mexiko und Guatemala Kakaoplantagen an. Im Aztekenreich war Kakao eine wertvolle Ware. Die Bohnen wurden säckeweise als Zahlungsmittel verwendet oder gemahlen und mit kochendem Wasser, Mais, Vanille und Chilipfeffer zu einem belebenden, schaumigen Getränk geschlagen. Dieses *xocólatl* („bitteres Wasser") wurde mit Annatto rot gefärbt und symbolisierte die Lebenskraft; den Spaniern wurde sein Stellenwert erst bewusst, als sie sahen, wie der Aztekenherrscher Montezuma es aus einem goldenen Becher trank. Die „Schokolade" gelangte über Spanien nach Europa, und seit dem Zerfall des Aztekenreichs werden Kakaobäume in der Karibik angepflanzt.

In Europa wurde Trinkschokolade dem dortigen Geschmack entsprechend mit Milch zubereitet und mit Zucker gesüßt, der neuerdings ebenfalls aus den Kolonien bezogen werden konnte. Unter den Wohlhabenden war sie rasch beliebt und erwarb sich als zugleich nahrhaftes und belebendes Getränk den Ruf, stimulierend zu wirken. Typisch für seine Zeit, warnte Robert Lovell in seiner *Pambotanologia* von 1659, ihr Genuss führe zu „Beilager, Zeugung und Schwangerschaft". Die Verknüpfung mit Ausschweifung reizte natürlich, und so wütete der englische Autor John Gailhard im Jahr 1700 gegen Kakaostuben mit Separees, „Orten des Lasters, des Müßiggangs, verderbter Reden und anderer sündhafter Praktiken". Derart unfreiwillige Reklame ließ die Zahl der Kakaostuben in den feinsten Londoner Stadtteilen steigen; sie waren die Vorläufer der Herrenclubs, von denen viele in der einen oder anderen Form noch heute existieren. Kein Wunder, dass Schokolade – die echte wohlgemerkt – nach wie vor etwas für Erwachsene ist. Bitter, stark, dunkel und anregend: ein köstliches Laster.

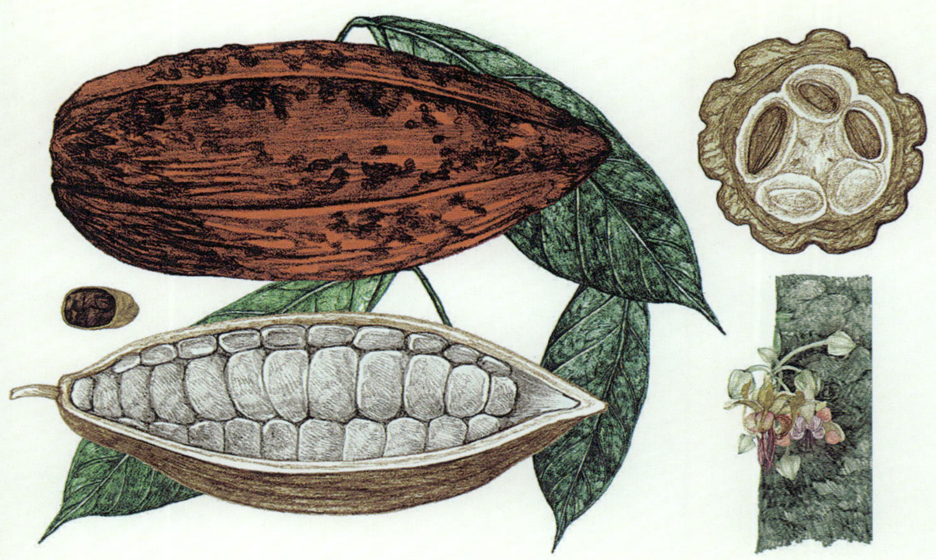

GABUN

Iboga

Tabernanthe iboga

Iboga, eine Unterholzart in den Wäldern des Kongobeckens, ist ein unauffälliger, zarter Strauch und eine heilige, mit spirituellen Traditionen verknüpfte Pflanze. Ihre Blüten, kleine, weiße, rosa gestreifte Trompeten, haben merkwürdig eingerollte Blütenblätter, die länglich ovalen Früchte eine blassorange, glatte Schale. Die Zweige sondern beim Abbrechen einen übelriechenden, weißen Milchsaft ab, der für Pfeilgift verwendet wird.

Die Äste und Wurzeln, besonders die Wurzelrinde, enthalten Ibogain und andere bewusstseinsverändernde Substanzen. Gemahlene und gegen ihre scheußliche Bitterkeit mit Honig vermischte Ibogawurzel wird in kleinen Dosen als Aphrodisiakum und von Jägern als Aufputschmittel eingenommen, weil sie anders als Koffein zugleich stundenlang wach und regungslos hält.

Deutlich größere Mengen kommen bei den Initiationsriten der Bwiti zum Einsatz, einer Kultur, bei der sich westafrikanische Animismus- und Ahnenbräuche mit christlichen Einflüssen verbinden. Die Initiationszeit, in der sich die jungen Männer Demut, Geduld und Mut aneignen sollen, kann ein Jahr dauern, und zum krönenden Abschluss verzehren sie gemahlene Ibogawurzeln. Während alle anderen im Schein eines Feuers tanzen, erleben die Initiierten unheimliche Angst und Übelkeit und das Gefühl, nicht ganz bei sich zu sein. Dieser Zustand geht mit lebhaften Träumen einher, die an Halluzinationen grenzen und oft kindliche Erinnerungen wecken. Die Übergangsriten, bei denen Iboga eingesetzt wird, dauern mehrere Tage, sollen den Initianten mit seinen Vorfahren verbinden und ihm Momente seiner eigenen Zukunft aufzeigen.

Kein Wunder also, dass Ibogain, eine mit einem afrikanischen Kult und unangenehmen, womöglich gefährlichen Nebenwirkungen verbundene psychedelische Droge, in vielen Ländern verboten ist. In anderen ermöglicht sie hingegen Drogenabhängigen einen Neustart. Berichten zufolge verringert Ibogain das Verlangen nach einem Schuss, indem es störend auf die Rezeptoren im Gehirn einwirkt, die nach Heroin und verschreibungspflichtigen Opiaten wie Morphin oder Fentanyl lechzen lassen. Erste, vielversprechende Tests legen die Vermutung nahe, dass eine einzige Gabe in Verbindung mit einem Beratungsprogramm die Chancen für einen Suchtkranken, seine Abhängigkeit zu überwinden, deutlich erhöhen kann.

ANGOLA

Welwitschie

Welwitschia mirabilis

Weltwitschien wachsen – ja gedeihen prächtig – auf dem dürren, steinigen Boden der Namib zwischen Zentralnamibia und Südangola, verstreut wie zerquetschte Sci-Fi-Insekten oder, prosaischer, Abfallhaufen. Als der österreichische Botaniker Friedrich Welwitsch die Pflanze 1859 in Angola entdeckte, war er so perplex, dass er sie aus Angst, sie könnte sich bei Berührung als Fantasiegebilde entpuppen, nur anstarrte. Sie ist tatsächlich seltsam. Sogar aus der Nähe ist kaum erkennbar, was da eigentlich wächst. In der Mitte hat sie eine verholzte, hohle Krone, schartig und schwarz, mit einem Durchmesser von bis zu 1 m und kaum kniehoch. Von den Rillen im Rand des Kraters strahlen nur zwei breite, ledrige Blätter seitlich aus; sie spalten sich in Bänder und kräuseln sich mit der Zeit, was mehr Laub vortäuscht, als da ist. Es sind die langlebigsten Blätter im Pflanzenreich; sie wachsen – um rund 20 cm jährlich –, solange die Pflanze lebt, das heißt 1000 Jahre oder mehr. Ihre Enden sind zerfetzt und ausgefranst und in mageren Zeiten das Futter von Pflanzenfressern, sodass nie mehr als wenige Meter lange, ausgebreitete, gewundene Blätter zu sehen sind; sonst wären sie Hunderte Meter lang.

Da Welwitschien an Orten wachsen, wo unter Umständen nur alle paar Jahre ein Regenschauer niedergeht, vermutete man früher, das Geheimnis ihres Überlebens läge in ihren langen Pfahlwurzeln. Inzwischen meint man aber, dass sie die Pflanze vor allem zum Schutz gegen die starken Winde in der Erde verankern. Jedenfalls scheinen zusätzlich zu der langen Pfahlwurzel und den feinen konventionellen Wurzeln, die sich großflächig auffächern, die mikroskopisch kleinen Blattporen, die Pflanzen für den Gasaustausch nutzen, bei der Welwitschie möglicherweise in der Lage zu sein, Feuchtigkeit aus Nebel aufzunehmen.

Die ausgebreiteten Blätter bieten reichlich Schutz und Leben. Auf ihnen entwickeln sich zum Beispiel die wunderschönen, kleinen „Welwitschia-Käfer" von roten zu schwarz-cremefarben gefleckten Tieren und paaren sich unbeholfen Rücken an Rücken. Sie trinken den Saft der Pflanze und ernähren zusammen mit anderen Insekten diverse Wüstentiere.

Die Welwitschie kommt in männlicher und weiblicher Form vor. Die in Nähe des Rands sprießenden männlichen „Zapfen" sind borstige, rotbraune Finger, die weiblichen glatte, aufrechte Gebilde in Braun und Orange, die verblüffend an Kiefernzapfen erinnern. Ihr Inneres ähnelt allerdings mehr Blüten als irgendwelchen Baumzapfen, und sie produzieren sogar Nektar für Fliegen und Bienen, die vermutlich ihre wichtigsten Bestäuber sind. Botaniker haben die spannende These entwickelt, dass die Welwitschie das Missing Link sein könnte zwischen den Zapfenträgern und den Blütenpflanzen, die später aufkamen. Charles Darwin nannte sie das Schnabeltier des Pflanzenreichs. Als eierlegendes Säugetier ist nämlich auch das Schnabeltier der einzige Angehörige seiner Familie und hat nirgendwo auf der Welt enge Verwandte.

NAMIBIA

Köcherbaum (mit Echter Aloe)

Aloidendron dichotomum (mit *Aloe vera*)

Der Köcherbaum ist eine der größten Aloen der Welt. In den Halbwüsten Namibias und der südafrikanischen Provinz Nordkap schon recht eindrucksvoll, ist seine Üppigkeit in der extrem trockenen Namib, wo nichts anderes auch nur entfernt Baumähnliches wächst, überwältigend. Puristen könnten einwenden, er sei gar kein Baum, weil sein Stamm nicht aus „richtigem" Holz besteht, Stamm und Äste vielmehr mit einer schwammähnlichen Substanz gefüllt sind, die Wasser speichert und so die spärlichen Regenfälle bestmöglich nutzt. Er sieht aber wie ein richtiger Baum aus: Während die meisten Aloen niedrige Büschel bilden, hat der Köcherbaum einen kräftigen, mittigen Stamm, der, bei jungen Exemplaren makellos glatt und mit einem Hitze und Licht reflektierenden feinen, weißen Puder bestäubt ist. Irgendwann gabelt sich der Stamm, und dann jeder der beiden Äste und so fort, wobei die Länge sich jeweils halbiert, sodass eine runde Krone entsteht. In langen Trockenperioden kann der Köcherbaum seine ungewöhnliche Fähigkeit der Autotomie nutzen, das heißt, vereinzelt Äste abwerfen, was Ressourcen spart. Sein Trivialname leitet sich von der Sitte des indigenen San-Volks ab, in den abgefallenen Ästen, die sich leicht aushöhlen lassen, Pfeile zu verstauen.

Die Krone sitzt auf dem sich verjüngenden Stamm, der unübersehbare 9 m hoch und am Ansatz 1 m dick sein kann. Bei tief stehender Sonne ist die fantastische Rinde gut zu erkennen; ihre ineinandergreifenden goldbraunen, seidig glatten Inseln verführen zu Berührung, doch Vorsicht: Ihre schartigen Ränder können teuflisch scharf sein.

Das Laub des Köcherbaums ist typisch für Aloen: Rosetten großer, praller, blaugrüner Blätter mit einer zähen, wachsigen Kutikula (die den Feuchtigkeitsverlust verringert) und innen einem farblosen Gel (ein trickreicher Wasserspeicher). Im Winter erscheinen über den Blättern traubige Blütenstände aus Teilblütenständen mit gestielten, daumendicken, röhrenförmigen Blüten, die sich knallig kanariengelb vom blauen Himmel abheben. Sie locken dunkle Nektarvögel an, die für ihre Bestäubungsdienste reichlich Nektar bekommen, und sogar Paviane saugen gern die Süße aus den Blüten. In den Zweigen bauen Webervögel ihre protzigen Gemeinschaftsnester, und auch für Touristen sind die Bäume eine Attraktion.

Ein bekanntes anderes Mitglied des Aloeclans ist *Aloe vera* (Echte Aloe). Ursprünglich auf der Arabischen Halbinsel heimisch, ist sie von alters her in Nordafrika bekannt und wird heute als Ingredienz für Kosmetika und Salben angebaut. Die hüfthohe Pflanze hat leicht gebogene, glänzende, weiß gesprenkelte Blätter, und ihre langen Blütenstände sind mit gelben, pfirsichfarbenen oder gelegentlich auch roten Blütchen geschmückt. Sie produziert zwar attraktive mattlila Samenkapseln, ist im Zuge ihrer 4000-jährigen Zuchtgeschichte aber irgendwann steril geworden und vermehrt sich inzwischen durch Austreiben kleiner Klone (Ableger).

Aloe vera kommt schon im Papyrus Ebers vor, einer altägyptischen Kräuterschrift (s. S. 64), und wurde in jener Region in fast jeder Kultur verwendet. Laut einer weitverbreiteten, aber schwer belegbaren Legende riet Aristoteles Alexander dem Großen. Truppen zur Insel Sokotra (vor dem heutigen Jemen) zu senden, um die Versorgung der Armee mit wundheilender Aloe sicherzustellen. Heute gilt Aloe-vera-Gel als Allheilmittel, wofür es aber längst nicht genug Belege gibt. Wissenschaftliche Studien deuten zwar auf seine mögliche Wirksamkeit als Schmerzlinderungsarznei, zur Abschwächung der Symptome von Schuppenflechte und vielleicht auch zur Heilung leichter Verbrennungen hin, mehr aber auch nicht. Da manche Bestandteile der Aloe nicht lange haltbar sind, ist es vielleicht praktischer, sich eine Topf-Aloe in die Küche zu stellen und ihre Blätter über kleineren Verbrühungen und Verbrennungen auszupressen, als fertige Präparate zu kaufen.

Ein weiteres Aloeprodukt ist der gelbliche Milchsaft, der direkt unter der Oberfläche der Blätter sitzt und sicher Pflanzenfresser fernhält. Widerlich bitter und nach saurem Rhabarber riechend, ist er ein wirksames Abführmittel, das in der Antike und im Mittelalter geschätzt wurde, weil man glaubte, plötzliche Ausscheidungen befreiten den Körper von „schädlichen Säften". Unter der Bezeichnung „Bitteraloe" verwendete man ihn im Europa des frühen 20. Jahrhunderts auch, um Kinder vom Nägelkauen und Daumenlutschen abzubringen, wobei sein scheußlicher Geschmack eine versehentliche Überdosierung verhindert haben dürfte.

Das Paar Aloen/Agaven (s. S. 158) ist ein interessantes Beispiel für konvergente Evolution. Agaven (in Amerika) und Aloen (vor allem in Afrika) sind nicht verwandt, haben in Reaktion auf ihre trockene Umgebung aber unabhängig voneinander ähnliche Merkmale ausgebildet. Aloen blühen zwar jedes Jahr, während Agaven auf einen einzigen Versuch setzen, aber wenn es sein muss, können sich beide über Ableger fortpflanzen. Beide speichern Wasser in prallen, fleischigen Blättern (Aloe in Glibber, Agaven in Fasern), die mit einer robusten Wachsschicht und Zähnen an den Rändern geschützt sind. Zudem ähneln sich beide Gattungen äußerlich sehr. Konvergenz hat etwas sehr Befriedigendes: als würden Ingenieurteams mit einem kniffligen Problem konfrontiert und unabhängig voneinander ähnliche Lösungen erarbeiten. Natürliche Selektion kann ganz schön clever sein.

Aloidendron dichotomum

Aloe vera

MADAGASKAR

Echte Vanille

Vanilla planifolia

Die Vanille, eine kletternde Orchidee, ist in Mittelamerikas Tropenwäldern zu Hause, wo sie 30 m hoch werden kann und sich an Bäumen abstützt. Bis Mitte des 19. Jahrhunderts, als man sie in anderen feuchtheißen Gegenden zu kultivieren begann, war Mexiko das Hauptanbaugebiet; aztekische Gourmets würzten dort ihren Kakao damit. Heute kommt das Gros der Vanille aus Madagaskar, dessen Klima und niedrige Lohnkosten dem aufwendigen Produktionsprozess zugutekommen.

Die Vanille wird auf niedrigen Bäumen oder hölzernen Gestellen aufgezogen und beschnitten, damit sie blüht. Ihre hornförmigen Blüten in zartem Gelb, Creme und Hellgrün riechen schwach nach Zimt und werden in ihrem natürlichen Habitat von *Melipona*-Bienen bestäubt. Diese existieren nur in Mittelamerika, sodass überall sonst jede einzelne Blüte künstlich von Hand bestäubt werden muss. Und da die Blüten sich nur für einen Tag öffnen, müssen die Ranken allmorgendlich nach neuen Blüten abgesucht werden. Die heute noch übliche Methode wurde 1841 von Edmond Albius entwickelt, einem in Réunion im Indischen Ozean als Sklave geborenen zwölfjährigen Jungen. Mit einem Bambusstäbchen durchsticht man die Membran zwischen den männlichen und weiblichen Teilen der Blüte und drückt beide zwecks Übertragung des Pollens vorsichtig zusammen. In den nächsten 24 Stunden schwillt der dicke, grüne Blütenboden an, und in den folgenden neun Monaten entwickelt sich die Blüte zu einer dünnen Kapselfrucht („Schote“) von der Länge einer Hand. Vanille ist ein derart kostbares Gewürz (nur übertroffen vom Safran, s. S. 40), dass viele Bauern zur Abschreckung von Dieben ihren speziellen Code in jede reifende Schote ritzen.

Werden die sich gelb färbenden Schoten endlich gepflückt, riechen sie nach nichts; um daraus das dunkelbraune, intensiv duftende Gewürz zu machen, ist noch weit mehr aufwendige Arbeit vonnöten. Nach dem Blanchieren in kochendem Wasser legt man sie für 14 Tage in die Sonne (nachts wickelt man sie zum Anschwitzen ein) und lässt sie danach noch monatelang weiter trocknen und ausreifen. Dabei erzeugen Enzyme den Hauptgeschmacksbestandteil Vanillin und eine Mischung aus Hunderten anderer Aromamoleküle. Zur Gewinnung von Vanilleextrakt werden die Schoten aufgeschlitzt, ausgekratzt und mit Alkohol angesetzt.

Diese Essenz ist natürlich teuer, weswegen das in Läden angebotene Vanillearoma zum Teil aus synthetischem Vanillin besteht, das aus diversen Abfallprodukten von Holz gewonnen wird. Derselbe chemische Prozess verleiht manchen in Holzfässern lagernden Weinen eine Vanillenote und erklärt, warum die Gabe von ein paar Tropfen Vanillearoma in eine Flasche billigen Whisky den Eindruck erwecken kann, er sei lange im Eichenfass gereift. Synthetisches Vanillin, dem die wohlschmeckende Komplexität der natürlichen Vanille abgeht, ist nur ein schwacher Abklatsch der echten, hat sich bei billigem Speiseeis aber leider so sehr durchgesetzt, dass aus etwas Exotischem, sublim Köstlichem der Inbegriff der Eintönigkeit geworden ist.

KENIA

Wasserhyazinthe

Eichhornia crassipes

Die Wasserhyazinthe ist eine im Amazonasbecken heimische, hübsche Wasserpflanze. Dank ihrer dicken Blattstiele treibt sie oben, ihre feinen Wurzeln hängen 1 m oder mehr herab, und die oben schwimmenden glänzenden, ledrigen, runden Blätter steuern die Pflanze wie Segel übers Wasser. Jedes Sträußchen lavendelblauer Blüten hat auf deren oberstem Kronblatt je einen blaugeränderten gelben Fleck, der Bienen zum Nektar führt; sie mögen anscheinend auch die Sekrete der schönen, glasähnlichen Härchen. Die Wasserhyazinthe kann sich mittels Ausläufern (Seitentriebe) klonen, und so wurde sie in der zweiten Hälfte des 19. Jahrhunderts als dekorative Gartenteichpflanze, die sich extrem leicht vermehren lässt, in alle Welt exportiert. Leider ließ sie sich bald nicht mehr bändigen und wurde zu einem üblen Unkraut.

Weit weg von ihrer Heimat und daher ohne natürliche Feinde, gehört sie zu den Pflanzen, die sich am schnellsten ausbreiten. In den Tropen überschwemmt sie überall Flüsse und Seen, besonders solche mit extrem nährstoffreichem Wasser, etwa aufgrund von Farmabwässern. Sie bildet dann dichte Matten und verstopft Flüsse und die Kühlwassereinläufe von Kraftwerken. Sie bedeckt ganze Reisfelder, entzieht Seen Sauerstoff und somit Leben, beherbergt Stechmücken und tarnt gefährliche Nilpferde und Krokodile. Viele Seen in Afrika sind für Jahrzehnte schlimm geschädigt. 2019 waren ca. 170 km^2 Küstensaum des Victoriasees in Kenia mit einer so dicken Schicht Wasserhyazinthen bedeckt, dass in der unermesslichen grünen Fläche Boote stecken blieben.

Das vielversprechendste Gegenmittel ist die Ansiedlung des brasilianischen Rüsselkäfers *Neochetina*, der mit der Wasserhyazinthe aufgekommen ist. Seine Larven fressen sich in die Pflanzen hinein und zerstören die Vegetationspunkte, sodass Wasser und Fäulnis eindringen können. Rüsselkäferpopulationen bilden sich zwar erst im Laufe mehrerer Jahre, und solange kann man mit riesigen mechanischen Erntegeräten Fahrrinnen freischaufeln. Das hilft aber nur vorübergehend, denn die Pflanze wächst aus kleinsten Stücken nach. Aus einer fußballfeldgroßen Wasserfläche entnommene Wasserhyazinthen können 300 t wiegen, aber zum Glück haben Menschen sich eine profitable Nutzung einfallen lassen. An die Stelle von Korbflechten im kleinen Maßstab treten kommunale Gärbottiche, in denen Wasserhyazinthen zu Biogas vergoren werden, das Kochherde mit Energie versorgt und so den Bedarf an Brennholz reduziert.

ÄTHIOPIEN

Kaffeestrauch

Coffea arabica

Der immergrüne Kaffeestrauch entwickelte sich irgendwo nahe den bewaldeten Bergen des südwestlichen Äthiopien, und seine breiten, elliptischen Blätter mit gekräuselten Rändern, oben glänzend dunkel, unten blass, bevorzugen noch immer Schatten. Ein in voller Blüte stehender Strauch ist eine große, aber kurzlebige Freude; für nur wenige Tage schmücken ihn unter Umständen Tausende zarter weißer, leicht nach Geißblatt und Jasmin duftender Blüten. Die ovalen Früchte färben sich signalrot; ihre dünne Schicht genießbaren Fruchtfleischs schmeckt nach Wassermelone und Aprikose und umschließt ein Paar tief gefurchter Samen: die Kaffee„bohnen".

Die leuchtenden, süßen Kaffeefrüchte locken Affen und Vögel an, die sie schlucken, ihre fleischigen Teile verdauen und die Samen unbeschädigt ausscheiden. Solche Bohnen sind zum Glück nur selten aufgelesen und als Luxusgut verkauft worden; so ist zum Beispiel der indonesische „Katzenkaffee" Kopi Luwak, den Kenner besonders „weich und erdig" finden, das, nun ja, „Produkt" von Fleckenmusangs, die zu diesem Zweck eingefangen und verkauft werden. Als Nutzpflanze wird Kaffee von Menschenhand gepflückt; die mechanische Ernte verbietet sich, weil nicht alle Früchte gleichzeitig reif sind.

Vor über 1000 Jahren hatten Menschen die geniale oder rein zufällige Idee, die geruchlosen Bohnen aus den Früchten und Hülsen zu lösen, zu rösten, zu zerstoßen und in heißes Wasser zu geben. Das wohlschmeckende, anregende, nichtalkoholische Getränk verbreitete sich über den Jemen in der ganzen islamischen Welt und im Osmanischen Reich. Um 1600 soll die Verbindung des Kaffees mit dem Islam Beamte des Vatikan dazu veranlasst haben, ihn als „neueste Falle des Teufels zum Fang christlicher Seelen" abzulehnen, doch Papst Clemens VIII. probierte ihn anscheinend und gab ihm seinen Segen, weil es doch „zu schade wäre, ihn den Ungläubigen zu überlassen". Na, reizend!

Mitte des 17. Jahrhunderts schossen in ganz Europa Kaffeehäuser aus dem Boden und wurden zu einem Ort, wo Männer über Geschäfte und Politik diskutierten, während die heitereren Kakaostuben (s. S. 71) eher von Frauen besucht wurden. Über die Jahrhunderte haben sich in vielen Kulturen spezielle Kaffeebräuche herausgebildet samt attraktiven Utensilien und absonderlichen Vorlieben für bestimmte Mahlmethoden und Herkunftsländer. Ein besonders ausgefeiltes Ritual gibt es in Äthiopien. Umwabert von Weihrauchschwaden, werden die Bohnen über glühender Holzkohle frisch geröstet und dann mit Kardamom und anderen Gewürzen zerstoßen. Serviert wird das starke, dunkle Getränk mit – Popcorn.

Der Kaffeestrauch hat das Koffein aber natürlich nicht zu unserem Nutzen ausgebildet. Wenn seine Blätter sterben und abfallen, sickert es in die Erde und erschwert es konkurrierenden Pflanzen, dort zu keimen und zu wachsen; außerdem ist es ein – manchmal tödlicher – Schutz gegen diverse Insekten und Pilze. Umso mehr überrascht es, dass der Kaffeestrauch und auch einige nicht mit ihm verwandte Zitrusarten Koffein in ihrem Nektar haben, der Insekten ja dafür *belohnt*, dass sie Pollen zu anderen Pflanzen tragen. Das erklärt sich damit, dass eine minimale Menge Koffein – so klein, dass sie Bienen nicht stört – genügt, dass sie sich die betreffende Pflanze merken, sodass sie sie wahrscheinlich erneut aufsuchen. Die Blüten geben also genug Koffein ab, dass es pharmakologisch wirkt, aber nicht so viel, dass es unangenehm wäre.

Gegen Ende des 19. Jahrhunderts vernichtete ein Pilz die Arabica-Kaffee-Produktion in Asien: der Kaffeerost. Daraufhin bepflanzte man die Plantagen mit dem Robusta-Kaffeestrauch (*Coffea canephora*), der gegen diesen Pilz immun war; und obwohl er einen strengeren Geschmack hat als der Arabica, wird er nun viel angebaut. Durch den Klimawandel und die damit einhergehenden Schädlinge und Krankheiten sind die existierenden Sorten heute wieder gefährdet, doch dem kann mit der Züchtung neuer Sorten entgegengewirkt werden. Es gibt mehr als 120 wilde Kaffeestraucharten, die meisten im tropischen Afrika. Sie haben faszinierende Aromen und enthalten unterschiedlich viel Koffein, vertragen zum Teil Hitze und Trockenheit oder kommen mit unterschiedlichen Böden oder Krankheiten zurecht, aber auch sie sind großenteils vom Klimawandel oder Waldschwund bedroht. Es erscheint unfair, vor allem den afrikanischen Nationen die Last aufzubürden, diese wichtige Quelle genetischer Vielfalt eines der wertvollsten Güter der Welt zu schützen.

IRAN

Asant

Ferula assa-foetida

Oft über mannshoch und stämmig, hat der Asant faustdicke, hohle Stängel. Die in Halbtrockengebieten heimische Pflanze, deren Blätter großenteils dicht über dem Boden hängen, ist insofern auffällig, als jeder einzelne Blütenstand aus gelben Blütchen mit kurzen Stängeln besteht, die wie ein Feuerwerk von einem Punkt abstrahlen. Weniger ansprechend ist ihr Geruch; er sitzt vor allem in der milchigen, klebrigen Mischung aus schützenden Ölen, Gummis und Harzen, die die Pflanze ausscheidet und die man von verletzten Stängeln und Wurzeln absammeln kann. Die wertvolle harzige Substanz härtet an der Luft aus, wird nach und nach braun und stinkt verlockend nach Knoblauch, ranzigem Schweiß und Fleisch kurz vor dem Schlechtwerden. Asant scheint also kaum das Zeug zum Produkt zu haben, in Indien ist er es jedoch. Er heißt dort *hing*, wird in der ayurvedischen Medizin als verdauungsförderndes Mittel und zur Behandlung von Atem- und Nervenbeschwerden geschätzt und ist in der indischen Küche praktisch allgegenwärtig.

Zerstößt und brät man ein erbsengroßes Klümpchen Asant, macht er eine frappierende Verwandlung durch: An die Stelle des scheußlichen Gestanks tritt ein wunderbar warmes, pikantes, zwiebeliges Aroma. Dieser Geschmacksverstärker, der stimmige Verbindungen mit anderen Gewürzen eingeht, verleiht besonders nordindischen Linsen- und Kichererbsengerichten Würze.

Asant ist vermutlich ein enger Verwandter des Silphiums, eines wichtigen Gewürzes der antiken griechisch-römischen Kochkunst, das dort hohen kulinarischen und kulturellen Symbolwert hatte. Leider widersetzte Silphium sich störrisch allen Kultivierungsversuchen und gedieh nur in Kyrenaika, einem schmalen, heute zu Libyen gehörenden Streifen Land an der Mittelmeerküste. Jahrhundertelang unterlag sein Angebot starker Kontrolle, was zu hohen Preisen, aber auch nachhaltigem Anbau führte. Als die Römische Republik dann jedoch begann, Gouverneure aus Kyrenaika auf Zeit zu ernennen, wurde um kurzfristigen Profits willen Raubbau damit getrieben. Im 1. Jahrhundert n. Chr. tauchte es zwar noch in Kochrezepten auf, war laut Plinius d. Ä. aber kaum noch erhältlich. Als sein Preis stieg, ersetzten die Römer es durch persischen Asant, den sie clever als ähnlich, aber leider schlechter beschrieben. Schließlich wurde Silphium so rar, dass Cäsar es neben Gold und Silber in der Schatzkammer verwahrte. Anfang des 2. Jahrhunderts war es wahrscheinlich ausgestorben.

Solange es existierte, war Silphium Kyrenaikas wichtigstes Handelsgut; die Pflanze und gelegentlich auch die herzförmige Samenschote waren Erkennungsmerkmale seiner Münzen. Einige Historiker meinen, es sei vielleicht als orales Verhütungsmittel verwendet und daher als Aphrodisiakum betrachtet worden.

Vor diesem Hintergrund könnte man das Herzsymbol einmal mit neuem Blick betrachten und sich fragen, ob die Herzform vielleicht schon vor über 2000 Jahren mit Liebe assoziiert wurde. In jüngerer Zeit wird der vermutlich mit ihm verwandte Asant von Arabien bis Indien als sexuelles Stimulans benutzt. Wer trotz seines Geruchs dazu greift, muss allerdings schon sehr von seiner Wirksamkeit überzeugt sein.

I R A N

Damaszener-Rose

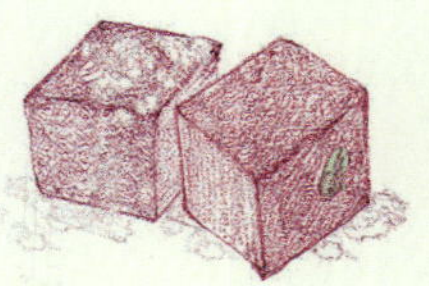

Rosa × damascena

Rosen sind dornige Sträucher mit einer verwirrenden Abstammung und Myriaden von Sorten – wilden, kultivierten und gekreuzten. Viele Blüten, deren Farben und Düfte Bestäuber anlocken, verfügen sogar über Kronblätter mit konischen Zellen darauf, die Bienen bei Wind Halt geben. Einige hochgezüchtete Rosen sind jedoch auf die Bestäubung durch uns angewiesen; ihre Blüten bestehen aus mehreren Schichten von Kronblättern, die zwar Gartenpreise ergattern, Insekten aber gegen Nektar und Pollen abschotten.

Blumen senden Signale an diverse Lebewesen, die Rose nutzen die Menschen aber schon lange, um ihresgleichen etwas mitzuteilen. Die Römer wanden sie um ihre Siegesbanner, Nero richtete üppige Bankette mit betäubend duftenden Blütenmassen aus. Rosen, die man mit dem griechischen Gott des Schweigens assoziierte, wurden als Symbol der Diskretion auf die Saaldecken über römischen Speisenden gemalt und im Mittelalter bei Versammlungen königlicher Diplomaten aufgehängt.

Besondere Bedeutung genießt die Rose im Islam. Es heißt, Rosen seien aus den Schweißperlen des Propheten Mohammed gesprossen, und ab dem 16. Jahrhundert waren sie in den Gärten überall im Mogulreich eine Lieblingsblume. Im Iran, wo sie mit Festen geehrt wird und die Nationalpflanze ist, steht die Rose noch heute im Zentrum des Nationalstolzes.

Der wichtigste Geruchs- und Geschmackslieferant sind die hohen, lockeren Büsche der atemberaubend intensiv duftenden, rosa Damaszener-Rose, die in Bulgarien, der Türkei und Zentraliran angebaut wird. Rosenwasser, das in größeren Mengen erzeugt wird, indem man die Blütenblätter in Wasser kocht und den Dampf kondensiert, ist reichlich in landestypischen Süßigkeiten wie *rahat lokum* (Lokum) oder dem weniger süßen, pistazienhaltigen iranischen *rahaat* enthalten. Die Herstellung von Rosenöl, der bei Parfümherstellern begehrten, hochkonzentrierten Essenz, ist eine wahre Herkulestat. 7000 zu ihrer frühmorgendlichen Bestzeit gepflückte und am selben Tag destillierte Blüten ergeben gerade einmal einen Teelöffel Rosenöl, das entsprechend hohe Summen wert ist.

Ihr betörender Duft und ihre üppige Pracht haben die Rose zum Symbol von Liebe und Romantik gemacht. Während der Geschmack von Rosendesserts eine Gratwanderung zwischen himmlischer Wonne und dem Gefühl ist, Seife zu essen, braucht die Welt ganz bestimmt mehr von der Liebe, für die die Rose steht.

PAKISTAN

Hennastrauch

Lawsonia inermis

Der Hennastrauch ist ein wärmeliebender Busch oder kleiner Baum des Nahen Ostens und Südasiens und kommt mit magerem, trockenem Boden zurecht, indem er bei Dürre seine Blätter abwirft und sich bei Regen wieder begrünt. Seine Rispen kleiner, weißer oder zartrosa Blüten haben einen frischen Duft: in der Luft grasig-blumig, von Nahem untergründig sinnlich, ja animalisch. Hennaöl, ein Extrakt der Blüten, ist eine teure Parfümzutat.

Die Blätter sind die Quelle eines der ältesten Kosmetika, das in der altägyptischen Körperkunst schon vor über 3500 Jahren verwendet wurde. Sie enthalten Hennoside (auch: Glycoside), Substanzen, mit denen die Pflanze wahrscheinlich Mikroben und Insekten abwehrt. Pulverisiert man die Blätter und rührt mit Wasser und etwas Zitrone eine Paste an, setzt eine chemische Reaktion ein, bei der der Farbstoff Lawson entsteht. Trägt man ihn auf Haut, Haar oder Nägel auf, geht er eine Verbindung mit den menschlichen Proteinen ein, was eine orangebraune Farbe erzeugt. Deren Schattierung und Tiefe lassen sich mit der Einwirkdauer und teils auch der Beigabe von Kaffee, Tee oder synthetischen Farbstoffen beeinflussen.

In ihrem Verbreitungsgebiet werden die Blätter der Pflanze getrocknet und gemahlen, gesiebt und verkauft. Da, wo Frauen besonders unauffällig gekleidet sind, kann kunstvoller Hennadekor auf Händen und Füßen subtile Botschaften übermitteln. In manchen Gesellschaften werden Frauen am Ende ihrer Periode mit Hennamustern geschmückt, deren allmähliches Verblassen Eingeweihten wohl signalisiert, in welchem Stadium ihres Zyklus sie sich befinden. Die Mehndi- oder „Hennanacht“ kurz vor einer traditionellen muslimischen oder hinduistischen Hochzeit ist eine spektakuläre Feier der Körperkunst, der Kostümierung und der Schwesterlichkeit – ähnlich dem westlichen Junggesellinnenabschied, aber farbenfroher und vielleicht weniger alkoholisch.

INDIEN

Indische Lotosblume

Nelumbo nucifera

Lotos, eine der beliebtesten und meistverehrten Pflanzen Asiens und die Nationalblume Indiens, wird seit 7000 Jahren als Nahrungspflanze angebaut und hat aufgrund ihres kulinarischen, kulturellen und dekorativen Werts Hunderte Zuchtsorten hervorgebracht. Sie ist ein evolutionäres Überbleibsel von vor über 100 Millionen Jahren; ihre nächsten lebenden Verwandten sind die südafrikanischen Proteen mit ihren ausgefallenen Blüten und überraschenderweise auch die Gattung der Platanen. Die Lotosblume besiedelt eifrig, nahezu invasiv stehende oder strömungsarme Gewässer und setzt sich mit ihren Rhizomen rasch im Schlamm seichter Teiche und Sümpfe fest. Lotosrhizome werden wegen ihres leicht herben, artischockenähnlichen Geschmacks, der appetitlichen, beim Kochen bestehen bleibenden Knackigkeit und des auffälligen Gittermusters der Scheiben geschätzt, das sie ihren länglichen Luftkammern verdanken.

Bei ausreichend Sonnenschein entwickeln sich an geraden, kräftigen Stängeln einzelne Blütenknospen und öffnen sich zu herrlichen Blüten – in der chinesischen und japanischen Kunst der Inbegriff der Schönheit. Ihre schalenförmigen, perfekt symmetrischen Blütenblätter sind von exquisiter Zartheit, die aufrechten Spitzen oft etwas dunkler, in Richtung Kirschrot oder Violett. So groß wie große Melonen, ähneln sie oberflächlich denen der Amazonas-Riesenseerose (s. S. 154); obwohl nicht miteinander verwandt, verfügen beide innen über einen Schimmer, dessen süßer Duft Käfer anlockt, und schließen diese dann über Nacht ein. In der Lotosblüte ist es mit ca. 36 °C angenehm warm, eine Temperatur, die konstant bleibt, auch wenn es rundherum viel kühler ist. Am nächsten Tag öffnen sich die Blüten voll, geben die pollenbeladenen Käfer frei und locken Bienen und andere Insekten zu einer zweiten Bestäubungsrunde an.

In den Tropen kann die Lotosblume das ganze Jahr über blühen, aber jede Blüte blüht nur wenige Tage lang. Fallen die Blütenblätter ab, zeigt sich ein konisches Gebilde: der merkwürdig künstlich aussehende, an einen Duschkopf erinnernde Blütenboden; seine flache Oberfläche ist mit Löchern übersät, in denen je ein nussähnlicher Same steckt, der darin rasselt, wenn der Blütenboden verholzt. Die Samen sind nahrhaft, wenn auch etwas fade, und werden geröstet (als Snack), gekocht oder zu Mehl gemahlen. Ihre dunkle Außenschicht ist zäh und undurchlässig; eine Handvoll Samen, die man in einem ausgetrockneten Seegrund in Nordostchina fand und mittels Karbondatierung auf ein Alter von über 1000 Jahren schätzte, keimte und blühte aufs Schönste.

Die auffällig großen, hellen, an mittigen Stängeln sitzenden Lotosblätter ragen wie umgedrehte Schirme weit aus dem Wasser. Man bereitet sie als Gemüse zu oder wickelt Essen darin ein, und sie haben eine ungewöhnliche Eigenschaft: Jedes Blatt ist mit winzigen wachsigen Warzen besetzt, den je nur 0,01 mm hohen Papillen, von denen ganze 2 Millionen auf einer daumennagelgroßen Fläche sitzen. Sie machen die Oberfläche wasserabweisend, indem sie verhindern, dass Wassertröpfchen sich auf dem Blatt ausbreiten und es benetzen; stattdessen bilden sie aufgrund der Oberflächenspannung Kügelchen, die zur Blattmitte hinabrollen, wo sie sich zu einer schimmernden Perle vereinen, während die restliche Fläche trocken bleibt. Ein trockeneres Blatt ist weniger anfällig für Infektionen, zudem halten die Papillen die Blattoberfläche makellos sauber, sodass es das Sonnenlicht bestmöglich nutzen kann. Staub, Blattüberreste und viele Pilzsporen sind groß genug, um sich auf den Papillen abzusetzen, werden aber von den Wassertröpfchen aufgewischt, die irgendwann vom schwankenden Blatt rollen. Dies lässt sich auch bei den Blättern anderer Pflanzen beobachten, darunter verbreiteten Kreuzblütlern, aber nicht in diesem Ausmaß. Materialwissenschaftler ahmen den sogenannten Lotoseffekt bei der Entwicklung wasser- und schmutzabweisender Produkte wie Regenkleidung, Fensterglas und Farben nach.

In den asiatischen Kulturen hat die heilige Lotosblume eine tiefreligiöse Bedeutung und ist in Malerei, Bildhauerei und Architektur ein beliebtes Motiv; die Gottheiten werden oft auf Lotosthronen dargestellt. Im Hinduismus heißt es, Brahma, Schöpfer des Universums, sei auf einer Lotosblüte aus dem Nabel Vishnus, des Herrn, hervorgegangen. Dessen Gemahlin Göttin Lakshmi wird auf einer Lotosblüte liegend oder mit einer Lotosknospe in der Hand dargestellt, ein Symbol für Reinheit, aber auch Wohlstand und Fruchtbarkeit. Der buddhistischen Tradition nach entsprossen Lotospflanzen den ersten Fußstapfen von Siddharta Gautama, dem Buddha, und das verbreitete tibetisch-buddhistische Mantra „Om mani padme hum" verbindet in einem hypnotisch wiederholten Sanskritsatz die Lotosblume mit Erleuchtung und unschätzbarer Kostbarkeit. Perfekt, unbesudelt vom schlammigen Wasser, in dem sie wächst, und mit tanzenden, wie Edelsteine funkelnden Wasserperlen in der Mitte ihrer Blätter, symbolisiert die Lotosblume die spirituelle Reise hin zu Licht und Weisheit.

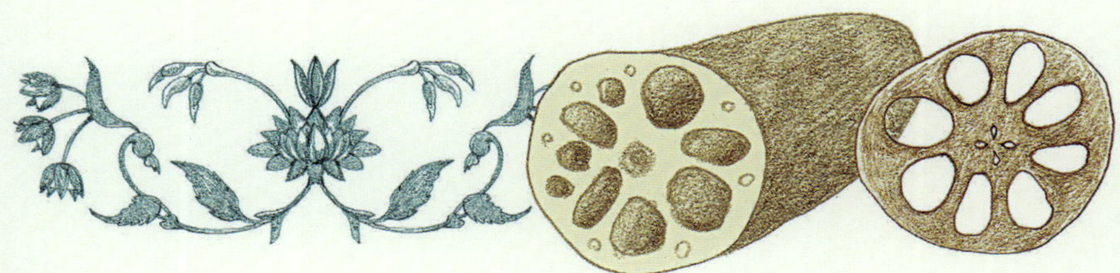

INDIEN

Hohe Studentenblume

Tagetes erecta

Studentenblume wird die in Mexiko und Mittelamerika heimische *Tagetes* genannt, aber regional begrenzt auch die *Calendula* (Ringelblume), eine ähnliche Blume aus dem Mittelmeerraum und Südosteuropa. Ihren Namen verdankt sie ihren Blütenköpfen, die an die bunten Mützen erinnern, die die Studenten früher trugen. Ihre auf aufrechten Stängeln sitzenden Blüten leuchten nämlich in Farben zwischen Zitronengelb und kräftigem Orangerot mit einem gelegentlichen Hauch Scharlachrot.

Studentenblumen spielen schon lange in der Medizin eine Rolle; sie werden unter anderem als Antiseptikum, gegen Magenbeschwerden und Darmparasiten sowie äußerlich zur Heilung von Geschwüren und Wunden genutzt. In der aztekischen Kultur bestanden medizinische Behandlungen in einer Kombination aus pflanzlichen Arzneien mit Magie und Religion; Studentenblumen gehörten zu Dekor und Opfergaben bei religiösen Festen, und die Gottheiten wurden mit Girlanden aus der Blume geschmückt.

Aztekische Traditionen haben sich im modernen Mexiko erhalten, wo in die Feier der katholischen Feste Allerheiligen und Allerseelen Anfang November der vorspanische Glaube einfloss, die Verstorbenen könnten auf die Erde zurückkehren und ihre Freunde und Verwandten besuchen. Herausgekommen ist ein herzerwärmend fröhliches Ritual – der Tag der Toten, an dem die Mexikaner zu den Gräbern ihrer Angehörigen und Freunde pilgern und sie mit Studentenblumen und Speiseopfern schmücken. Blütenblätter der Tagetes, die hier *flor de muertos* („Totenblume") heißt, weisen den Seelen den heiteren Weg zum Festaltar in ihren einstigen Wohnungen.

Frühe Berichte über mit Tagetes geschmückte aztekische Gottheiten könnten aus dem heutigen Indien stammen. Ihre intensiven Zitrusschattierungen symbolisieren bei den Hindus Reinheit, bei den Sikhs Weisheit und bei den Buddhisten Erleuchtung, und sie zieren die imposantesten Tempel ebenso wie die schlichtesten Schreine. Aufgefädelte, zu grellen Rollen aufgewickelte Blüten werden meterweise verkauft und schmücken politische Würdenträger und Bollywood-Stars, Hochzeitsgäste und Trauernde. Sie dekorieren in Girlandenform Lkw-Windschutzscheiben und werden auf dem Boden zu glückverheißenden floralen und geometrischen Mustern gelegt – eine stete, augenfällige Erinnerung an die untrennbare Verbindung zwischen Botanik und menschlicher Kultur.

INDIEN

Echte Mango

Mangifera indica

Vorfahren der Mango wurden vor rund 4000 Jahren in Indien domestiziert, das noch heute fast die Hälfte der Welternte erzeugt und sie überwiegend auch selbst verbraucht. Bei der Züchtung von Hunderten von Sorten ging und geht es um alle erdenklichen Merkmale: Größe, Farbe, Geschmack, Konsistenz und Haltbarkeit der Früchte sowie Krankheitsresistenz und optimale Erntehöhe. Mangobäume können 30 m hoch werden, haben dichte, runde Kronen und sind massive Immergrüne mit dicker, leicht rissiger, abblätternder Rinde. Ihre kräftigen und glänzenden Blätter sondern bei Zerdrücken bittere, leicht kampferartig riechende Abwehrstoffe ab. Darauf, dass sie Insekten fernhalten, geht unter Umständen die verbreitete indische Tradition zurück, aufgefädelte Mangoblätter als Glücksbringer über Hauseingängen aufzuhängen.

Mangos sind Mitglieder einer notorisch wehrhaften Familie, zu der auch der üble Giftefeu und die Cashewnüsse gehören, die extrem gallige Panzer haben – ein Wunder, dass ihre Essbarkeit je ans Licht kam. Im Vergleich dazu sind Mangos harmlos; ihre Stämme geben bisweilen einen milchigen Saft ab, der Jucken verursachen kann, und wer so dumm ist, auf der zähen Schale der Frucht herumzukauen, wird ein kräftiges Brennen spüren.

Aber die Früchte! Nierenförmig und fleischig, hängen sie von langen, kräftigen Stängeln herab und färben sich beim Reifen mit pudriger Röte je nach Sorte hellgelb, golden oder gar rot. Das üppige, saftige Fleisch ist orange, eine in der hinduistischen Kultur glückverheißende Farbe (s. S. 97), und hat einen komplexen Geschmack, vor allem nach Karamell, Pfirsich und Kokosnuss, mit einem ausgleichenden harzigen Terpentinunterton. Übermäßig süße frische Mango verleiht Amchoor, ein Pulver aus getrockneten Mangos, eine herbe, leckere Frische, die subtiler ist als der Brausegeschmack der üblichen Streifen getrockneter Mango, außerhalb Asiens aber rätselhafterweise zu wenig geschätzt wird.

Ein einzelner Baum kann in einer Saison leicht 3000 Früchte tragen, was die Bäume so stark belastet, dass sie sich durch den Wechsel ertragreicher und ertragsarmer Jahre regenerieren. Wie von einer so verschwenderischen, fruchtbaren Pflanze nicht anders zu erwarten, symbolisieren Mangos Glück und Fertilität. Mancherorts umrunden Brautpaare Mangobäume; anderswo werden feierlich Ehen zwischen Mangos und anderen Arten, oft Tamarinden, gestiftet; und eine Mangoblüte sitzt vorn an dem Pfeil, mit dem Kama, der hinduistische Gott der Liebe und der Lust, erotische Freuden verteilt.

Ganesha, eine der meistverehrten indischen Gottheiten, hat Elefantengestalt und wird oft mit Mangos dargestellt. Tatsächlich haben Elefanten eine Vorliebe für diese Frucht, die sich evolutionär zur Attraktion für große Säugetiere entwickelt hat; die Darmsekrete von Elefanten befördern die Keimung von Mangosamen, und der Dung, mit dem diese ausgeschieden werden, ist eine gute Starthilfe.

Elefanten und Mangos sind auf vielen Mogulgemälden des 16. bis 19. Jahrhunderts zu sehen, die sich vielfach durch eine durchscheinende, fast lumineszierende goldgelbe Farbe mit pudriger Textur auszeichnen, die ihrerseits, wenn auch indirekt, aus Mangos gewonnen wird. Indischgelb, wie sie von Händlern und den wenigen europäischen Künstlern genannt wurde, die sie zu schätzen wussten, war farbecht, aber auch fluoreszierend und somit ein besonders lebhafter Ton. 1883 sah jemand bei der Herstellung des Pigments in einem Dorf bei Kalkutta zu und bemerkte, dass Rinder dort auf eine grausam strenge Diät aus Mangoblättern gesetzt wurden, die ihren Urin intensiv gelb färbten. Dieser wurde aufgefangen, durch Kochen verdampft (mmh …) und abgeseiht, was offenbar das gelbe Pulver ergab, das in Plättchenform vertrieben wurde – eine Praxis, die erst Anfang des 20. Jahrhunderts verboten wurde. Chemiker und Kunsthistoriker waren skeptisch, doch als Forscher 2019 alte Pigmente mit den aktuellsten Analysetechniken untersuchten, zeigte sich, dass Indischgelb über den Umweg Rinderurin wirklich aus Mangoblättern gewonnen wurde.

INDIEN (UND DEN PHILIPPINEN, CHINA, ÄTHIOPIEN)

Banane (und ihre Verwandten Faser-, Golden-Lotus- und Zierbanane)

Musa spp., *Musella* und *Ensete*

Ihren riesigen Blattspreiten und ihrer oft gewaltigen Größe zum Trotz sind die Angehörigen der Bananenfamilie botanisch keine Bäume, sondern Stauden; nach dem Blühen gehen sie ein, und ihre „Stämme" verholzen nicht, bestehen vielmehr aus dicht gerollten Blattscheiden.

Die uns vertraute Bananenpflanze ist eine alte Kreuzung zweier in Südostasien noch existierender Wildarten, deren kleine, unappetitliche Früchte störende harte Samen enthalten. Zu einem frühen Zeitpunkt in ihrer 10 000-jährigen Domestizierungsgeschichte entwickelte die Banane sich zu einer angenehm samenfreien, aber sterilen Frucht. Jede der Hunderte Sorten – darunter die nahrhaften Kochbananen, von denen mehr als eine halbe Milliarde Menschen leben – ist für ihre Vermehrung auf Menschen angewiesen; man hackt den Wurzelstock in Stücke, aus denen dann genetisch identische Bananenpflanzen sprießen.

Nach etwa einem Jahr beginnen die mittlerweile meterhohen Bananenpflanzen ihre Energie in ihre spektakuläre Blüte zu stecken. An der Spitze des Stamms erscheint ein Stiel, an dem sich ein phallisch aussehender, von Deckblättern (Brakteen) umhüllter Blütenstand entwickelt. Die lila Deckblätter fallen nacheinander ab und legen ein Rüschenröckchen aus mindestens einem Dutzend röhrenförmiger weiblicher Blüten frei, aus denen ohne Bestäubung je eine Banane wird. Die Früchte entwickeln sich nach und nach in Schichten oder „Händen"; ein Blütenstiel vom Gewicht eines großen Koffers trägt unter Umständen Hunderte von Früchten. Der Blütentrieb hängt herab, sodass die Minibananen nach unten zeigen, aber statt Richtung Boden weiterzuwachsen, wenden sie sich nach oben zur Sonne hin – deswegen ist die Banane krumm. Nach drei Monaten sind sie reif und süß, das grüne Chlorophyll in der Schale baut sich ab, und die Früchte färben sich verlockend gelb. Unter UV-Licht erweisen sich manche Abfallprodukte dieses Vorgangs merkwürdigerweise als blau; vermutlich machen sie Bananen im Sonnenlicht noch auffälliger. In einem mit UV-Licht ausgeleuchteten Nachtclub ist die phosphoreszierende blassblaue Fluoreszenz einer reifen Banane ein kurzweiliger Anblick. (Und vergnüglicher als der unbegründete Hippie-Hype der 1960er, als man meinte, durch Rauchen der bitteren kleinen Fasern zwischen Schale und Fruchtfleisch zu einem billigen Rausch zu kommen.)

Das Land, das weltweit die meisten Bananen produziert und großenteils auch selbst verbraucht, ist Indien. Es gibt Dutzende von Sorten, die sich in Konsistenz, Süße und Säure unterscheiden und faszinierende Aromen haben; Bananen können weich wie Speiseeis oder fest sein, gesprenkelt oder gar gestreift, lang oder kurz und dick. Natürlich gibt es gelbe, außerdem aber auch rost-, granat- und gar blutrote, und manche haben rosa Fruchtfleisch. Trotzdem gehören fast alle

Bananen des Welthandels, vor allem aus Ecuador, von den Philippinen und aus Mittelamerika, ein und demselben Typ an, der faden, aber transportfähigen 'Cavendish'. Unsere Abhängigkeit von dieser einen Klonsorte ist riskant. Befällt ein Schädling oder eine Krankheit eine Pflanze, können rasch alle betroffen sein. Tatsächlich sind Cavendish-Bananen, obwohl sie zu den am stärksten chemisch behandelten Nutzpflanzen gehören, inzwischen von der weltweiten Ausbreitung einer tödlichen Form der Panamakrankheit (Pilzbefall) bedroht.

Aber nicht alle Angehörigen der Bananenfamilie werden ihrer Früchte wegen angebaut. *Musa textilis* (Faserbanane) ist auf den Philippinen die Grundlage des Manilahanfs, einer robusten, luftgetrockneten Faser, aus der Seile und Matten gemacht werden und auch zwei Grundpfeiler der englischen Bürokratie: Teebeutel und Manila-Umschläge. *Musella lasiocarpa*, die Golden-Lotus-Zwergbanane in Südwestchina, hat unattraktive, behaarte Früchte, aber prachtvolle strahlenkranzförmige Blüten, die an Lotosblüten erinnern und den Buddhisten heilig sind. Ihre Sprossachsen werden zu Wein vergoren, und der frische Saft soll passenderweise gegen Kater helfen. Die Zierbanane, *Ensete ventricosum*, ist eine große, im kühlen Hochland Südwest-Äthiopiens heimische Pflanze mit eindrucksvollen Blütenständen, deren grauviolette Deckblätter beim Aufbrechen feurig orange Innenseiten freilegen. Obwohl ihre samenreichen, fleischlosen Früchte nahezu ungenießbar sind, ist die Zierbanane, der weder Hochwasser noch Dürre etwas anhaben kann, für 20 Millionen Äthiopier ein verlässliches Grundnahrungsmittel: Das Innere ihrer Knollen wird zerstampft, in Blätter gewickelt und gärt mehrere Monate lang in einer abgedeckten Grube; der entstehende saure Brei, Kocho, kann aufbewahrt und zu einem nahrhaften Fladenbrot (mit Blauschimmelkäse-Beigeschmack) verbacken werden.

Obwohl die Banane etwas Komisches hat, wird man ihr mit schlüpfrigem Slapstick, infantilen sexuellen Anspielungen und der Verbannung in Kühltaschen nicht gerecht. In Indien ist das Bananendessert *panchamrutham* ein Tempelopfer. Und anderswo sind mit Rum flambierte Bananen eine Erwachsenenleckerei für das Kind in uns.

Ensete ventricosum
Ensete ventricosum
Musa textilis

BANGLADESCH

Indigostrauch

Indigofera tinctoria

Die rosa oder violetten Blüten des Indigostrauchs sind typisch für die Familie der Erbsen und Bohnen und ebenso seine Samenschoten, die sich wie Schnäuzer kringeln. Seine symmetrisch aufgereihten ovalen Blätter liefern ein Färbemittel in einem Ton, dem Isaac Newton, als er Mitte des 17. Jahrhunderts die Farben des Regenbogens benannte, einen eigenen Platz zwischen Blau und Violett zuwies.

Die Farbe wird zubereitet, indem die Blätter gepflückt, zerstampft, gewässert und vergoren werden. Der so entstehende Brei wird der Luft ausgesetzt, getrocknet und in blaue – nun ja: indigoblaue – Kuchen geschnitten. Zum Färben werden diese pulverisiert und in Wasser gegeben. Außerdem wird eine alkalische Substanz (Holzasche) hinzugefügt, die die Farbe farbecht, die Lösung aber farblos macht. Die herrliche, intensive Farbe zeigt sich – tada! – erst wieder, wenn der Stoff an die Luft kommt.

Der Name Indigo geht auf das altgriechische Wort für Indien zurück, wo es seit über 4000 Jahren verwendet wird. Im Mittelmeerraum war die „indische Farbe" im 1. Jahrhundert n. Chr. allgemein bekannt und wurde im 15. Jahrhundert dank der explodierenden Seefahrt als Ware wichtig. In Nordeuropa war Färberwaid (*Isatis tinctoria*) die Quelle der blauen Stofffarbe, die im Mittelalter so gewinnbringend genutzt wurde. Beide Pflanzen erzeugen das gleiche Indigo, Färberwaid ist aber weniger ergiebig. Die Anstrengungen der Färberwaidbauern und eine protektionistische europäische Politik konnten die Einfuhr des indischen Indigos nicht aufhalten, und bald hatte dieser den Färberwaid ersetzt.

In Indien war Indigo im 19. Jahrhundert unter britischer Herrschaft ein lukratives Exportgut. Die Bauern wurden von den britischen Plantagenbesitzern und den von diesen eingesetzten Großgrundbesitzern (*zamindars*) leider brutal ausgebeutet, was 1859 zu den Indigo-Unruhen in Bengalen führte. Sie mündeten in eine gewaltlose Demonstration von über 10 000 Menschen – eines der Ereignisse, die Mahatma Gandhi inspiriert haben sollen.

1896 waren in Indien rund 6800 km^2 mit Indigo bepflanzt. Als im Jahr darauf die deutsche Chemiefirma BASF synthetisches Indigo auf den Markt brachte, brach – Echo und Umkehr der Geschichte – der indische Markt zusammen. Heute wird Indigo zu fast 100 % synthetisch erzeugt und überwiegend zum Färben von Jeansstoff verwendet. In einem weiteren Nachklang der Geschichte aber beliefert heute eine wachsende Heimindustrie in Bangladesch, dem früheren Ostbengalen, einen kleinen Exportmarkt mit natürlichem Indigo.

CHINA

Sojabohne

Glycine max

Die Domestizierung der Sojabohne setzte vor rund 5000 Jahren im nordöstlichen China ein, und um 100 n. Chr. war sie in Ostasien ein verbreitetes Nahrungsmittel. In den Westen gelangte sie erst im 18. Jahrhundert, wo sie nur eine botanische Kuriosität war, bis in den 1940er Jahren der Zweite Weltkrieg die Ausfuhr chinesischen Sojaöls zum Erliegen brachte und Nordamerika sie im großen Maßstab anzubauen begann. Heute wachsen Sojabohnen auf mehr als 1,2 Millionen km², vor allem in den USA, Argentinien und besonders Brasilien, wo zuvor riesige artenreiche, Kohlenstoff speichernde Regenwaldflächen existiert haben. China, das der Welt die Sojabohne beschert hat, ist heute ihr weltweit größter Importeur.

Die Blätter und Stängel der buschigen, hüfthohen Pflanze sind mit weichen Haaren bedeckt, deren Farben, von Van-Dyck-Braun bis Hellgrau, als Kurzform für die Charakterisierung einzelner Sorten dienen. Die lavendelblauen, blassrosa oder weißen Blüten sind schmetterlingsähnlich geformt, und die traubigen Schoten enthalten je ein paar strohgelbe oder grasgrüne Samen, die Sojabohnen. Typisch Hülsenfrüchtler, beherbergt die Pflanze in ihren Wurzeln Bakterien, die Stickstoff aus Lufteinschlüssen in der Erde aufnehmen (s. Rotklee, S. 28) und in Dünger umwandeln. Hülsenfrüchtler wie Erbsen und Bohnen sind wertvolle Quellen von Aminosäuren – komplexe, auf Stickstoff basierende Verbindungen, mit deren Hilfe Säugetiere, so auch der Mensch, Eiweiße produzieren, die Bausteine des Körpergewebes. Sojabohnen sind eines der nahrhaftesten pflanzlichen Lebensmittel, reich an Speiseöl und sogar für eine Hülsenfrucht eine besonders gute Eiweißquelle. Da sie Substanzen enthalten, die Verdauungsstörungen auslösen können, sollte man sie jedoch nicht roh verzehren.

Weil die Weltbevölkerung und daher der Bedarf an Eiweiß und Fett hochgeschnellt sind, ist die Sojabohne zur Super-Nutzpflanze geworden. Rund drei Viertel der Welternte von Soja und dem guten Stickstoffverwerter Mais (s. S. 182), die man im Wechsel anbaut, werden an Tiere verfüttert – deren Fleisch wir irgendwann essen. Das ist unglaublich und bedrückend ineffizient, verglichen damit, wenn wir die Pflanzen selbst essen und Fleisch großenteils durch diverse Hülsenfrüchte, Getreide, Nüsse und Gemüse ersetzen würden. Aus etwa einem Fünftel des Sojas wird Öl gewonnen und nur ein Zwanzigstel direkt von Menschen verzehrt, vor allem in Ostasien, wo man Soja im Zuge des buddhistischen Vegetarismus gären und zu Quark gerinnen lässt, was es genießbar und gut verdaulich macht.

Beim Gärprozess werden die in Bakterien, Schimmelpilzen oder Hefen enthaltenen Enzyme genutzt, die komplexe organische Moleküle in einfachere

Verbindungen aufspalten. Vielleicht am bekanntesten ist die Erzeugung von Alkohol aus den Zuckern von Früchten oder Gemüse; Gären macht aber auch Sojabohnen leicht verdaulich, erzeugt leckere Umami-Aromen und synthetisiert Vitamin B_{12}, das in vegetarischer Kost fehlen kann. Das verbreitetste Sojabohnenprodukt ist Sojasoße, deren Glutaminsäure als Geschmacksverstärker fungiert. Egal, ob man die gesüßte, dicke dunkle Sojasoße bevorzugt oder die salzigere „leichte“: Man sollte traditionell fermentierte wählen. Billigere Sorten basieren auf hydrolisiertem pflanzlichem Eiweiß („chemisches Soja“) und schmecken längst nicht so komplex.

Miso ist ein japanisches, doppelt fermentiertes Lebensmittel. Eine Mischung aus Sojabohnenpaste, Reis oder Gerste, Salz und Wasser wird mit Kōji beimpft, einem *Aspergillus*-Schimmelpilz, der ihr einige Zucker entzieht. Dieser „Starter“ wird zu Sojabohnen gegeben und die Mischung für mindestens ein Jahr in Bottiche gefüllt. Miso ist nicht nur nahrhaft und geschmacksintensiv. Gibt man es in heißes Wasser, lösen sich Partikel daraus und formieren sich zu herrlich gleichmäßigen Konvektionssäulen.

Soja„milch“ wird erzeugt, indem man gemahlene Sojabohnen in Wasser kocht, was eine stabile, nahrhafte Öl-Eiweiß-Emulsion ergibt. Sie ist die Grundlage des käseähnlichen Tofus, der entsteht, wenn man anstelle von Tiermilch Sojamilch gerinnen lässt, und der auf chinesischen Märkten in unhandlichen, riesigen Blöcken verkauft wird. In Ostasien hat er als Lebensmittel und Kulturgut den Stellenwert von Käse und Fleisch in anderen Teilen der Welt; man schätzt ihn wegen seiner überraschenden Konsistenz- und Geschmacksvielfalt und als neutralen Träger der Aromen geschmacksintensiverer Zutaten.

Ob ganz, vergoren oder geronnen: Sojabohnen sind ein hervorragendes Lebensmittel, das es verdient, mehr genutzt zu werden, vor allem um unseren Fleischkonsum zu verringern.

CHINA

Großer Holz-Bambus

Phyllostachys reticulata (auch *P. bambusoides*)

Zuckerrohr (s. S. 156) ist ein erstaunlich hohes Gras, wird aber von vielen der rund 1200 Bambusarten – der größten Gräser überhaupt – in den Schatten gestellt. Es gibt sie überall auf der Welt, besonders in feuchtwarmen Klimata. Eindrucksvoll ist der in China heimische Große Holz-Bambus. Die einzelnen Halme treiben senkrecht aus einem runden, teils oberirdischen Wurzelwerk, können 25 m hoch werden und wachsen unter idealen Bedingungen mehr als 1 m täglich. Bis auf die in regelmäßigen Abständen auftretenden, leicht verdickten Blattansätze sind die Halme über die ganze Länge etwa eine Handbreit dick. Empfinden die einen Bambuswälder mit ihren gedämpften Geräuschen und unglaublich hohen, gleichförmigen parallelen Säulen als beruhigend und weihevoll, beschleicht andere das Gefühl, in einem riesigen natürlichen Käfig eingeschlossen zu sein.

Bevor die Halme im reifen Zustand einen warmen, goldenen Ton annehmen, sind sie smaragdgrün und überirdisch perfekt; auf ihrer harten, glänzenden Oberfläche finden Pilze und Insekten kaum Halt. In vielen Bambussen reichert sich Kieselerde an, dieses Sandzeug, das ihre Halme kräftigt und Pflanzenfresser fernhält; manche speichern so viel davon, dass sie bei einem Axthieb Funken sprühen. Bei ein paar Arten sammelt sich eine Form von Kieselerde in den Blattansätzen und bildet harte, durchsichtige Knoten, das Tabaxir. Diesem bei einfallendem Licht schimmernd saphirblauen, bei Licht von hinten funkelnd kanarien- und senfgelben Bambuszucker wurden magische Kräfte zugesprochen; zwischen Indien, China und Arabien trieb man damit Handel, und in der traditionellen östlichen Medizin verwendete man ihn als Husten- und Asthmamittel, als Gegenstoff zu Giften und – natürlich – als Aphrodisiakum.

Bambusse klonen sich in der Regel selbst, pflanzen sich also mittels unterirdischer Sprossachsen ungeschlechtlich fort, aber ganz selten blühen sie auch – der Große Holz-Bambus erst nach Jahrzehnten. Dann bilden Massen winziger, unscheinbarer Blüten Ähren in gedecktem Hellbraun und Khaki. Hat sie ihre zahllosen Samen hervorgebracht, verkümmert die Pflanze und geht oft ein. Erstaunlicherweise blühen bei einigen Bambusarten alle Individuen überall auf der Welt gleichzeitig, vorausgesetzt, sie gehören demselben genetischen Stamm an. Sogar eine junge, aus dem Ableger eines bejahrten Elternteils hervorgegangene Pflanze blüht und stirbt vielleicht auch zur selben Zeit wie dieser. Es würde ja einleuchten, dass alle Pflanzen eines Hains es irgendwie schaffen, ihre Blüte aufeinander abzustimmen, aber wie die biologische Uhr über so lange Zeiträume dafür sorgt, dass Bambusse auf verschiedenen Kontinenten gleichzeitig blühen, ist ein botanisches Geheimnis. Nach der Massenblüte und dem anschließenden

Rückgang oder Sterben der Haine wird der Bambus knapp und teuer; außerdem hat die plötzliche Blüte mit den Früchten den Ratten Futter im Überfluss beschert und den Rattenbestand enorm vergrößert, was zu Hunger und Krankheiten führt. Kein Wunder, dass die seltene Bambusblüte in vielen Kulturen als schlechtes Omen gilt.

Weniger geheimnisvoll, aber ebenfalls besonders ist das Material Bambus. Seine Halme – Röhren – sind in Relation zu ihrem Gewicht immens robust und bestehen aus einem Verbundmaterial, dessen Wabenstruktur von Längsfasern durchzogen ist, mit den stärksten Fasern am äußeren Rand. Sie bestehen aus kreuz und quer verlaufenden, mikroskopisch feinen Fibrillen. Diese komplexe Struktur verleiht Bambus seine enorme Zerreiß- und Biegefestigkeit.

Mit dem Großen Holz-Bambus vor Ort genossen die Chinesen einen Vorsprung bei der Entwicklung von Brückenkonstruktionen, Bewässerungssystemen, Rohrsystemen für den Transport von Flüssigkeiten und Feuerspritzen für die Brandbekämpfung. Aus Bambuslatten entstanden Federn für Musikautomaten und mechanische Spielzeuggeräte, aus geschnitztem Bambus die strapazierfähigen Zahnräder von Getreidemühlen. Auch andere machten Bambus-Erfindungen; so entdeckte Thomas Edison 1882, dass verkohlte Bambusfasern stabil genug waren, um als Glühfäden der ersten elektrischen Glühlampen der Welt zu dienen. Heute wird Bambus aufgrund seines rasanten Wachstums, seiner Leichtigkeit, Stabilität und guten Bearbeitbarkeit für Tausende Nutzungen angebaut, von bescheidenen Essstäbchen bis zu Möbeln und Gebäuden. Der Große Holz-Bambus ist ein unbegrenzt nachwachsendes Baumaterial, und in vielen asiatischen Ländern werden Hunderte oder sogar Tausende Rohrabschnitte mit Seilen zu Gerüsten für den Hochhausbau verbunden: ein stabiles und sympathisch organisches Gegenstück zu den harten Konturen moderner Wolkenkratzer.

Bambus hat sich auch in die asiatische Psyche eingeschrieben. Die Tuschezeichnungen von Bambusblättern und die eleganten Pinselstriche der chinesischen und japanischen Kalligrafie erfordern ähnliche, hoch angesehene Fähigkeiten. Und der ätherische, wehmütige Mollklang der japanischen *shakuhachi*-Bambusflöte, die traditionell von *komusō*-Mönchen gespielt wird, die sich zum Zeichen ihrer Selbstlosigkeit Schilfkörbe über den Kopf stülpen, erinnert an einen Bambushain, durch den ein Wind streicht. Ohne Bambus gäbe es auch keinen einzigen jener überwiegend (und ungewöhnlicherweise) vegan lebenden Bären – der Pandas, die zum weltweiten Symbol für die Notwendigkeit des Naturschutzes geworden sind.

JAPAN

Nori

Pyropia yezoensis

Nori-Algen sind in Japan eine wichtige Nahrungspflanze. Aus der Luft bilden die Küstenfarmen der südwestlichen Insel Kyūshū ein merkwürdig schönes, abstraktes Muster, wie ein die Ufer einhüllender bestickter Quilt. Von Nahem betrachtet, bauschen sich die zarten, pflaumenfarbenen Nori-Wedel wie durchscheinende Taschentücher – sie sind nur eine Zelle dick.

Zur Herstellung getrockneter Nori-Blätter inspirierte im 18. Jahrhundert die japanische Papiermacherei. Man erntet die Algen, zerkleinert sie, streicht den violetten Brei zum Trocknen auf Gazerahmen und stapelt die Schichten. Dabei und beim anschließenden Rösten werden die roten Pigmente zum Teil abgebaut, sodass sich das grüne Chlorophyll zeigt. Der endgültige Farbton hängt von einem subtilen Zusammenspiel von Temperatur, Mineraliengehalt des Wassers, in dem die Algen gezogen wurden, und der späteren Bearbeitung ab; das feinste Nori glänzt intensiv und ist tief dunkelgrün. Man wickelt Sushi darin ein oder streut es über Nudeln; es ist knackig, schmilzt aber im Mund und gibt ein Umami-Aroma frei, das nach Erde und Meer zugleich schmeckt.

Ursprünglich sammelte man Nori wild oder erntete es in kaltem, seichtem Meerwasser mit an Bambuspfählen befestigten Netzen. Es wuchs wie von Zauberhand, niemand wusste, wo es herkam, denn im Gegensatz zu Landpflanzen schien es weder Samen noch Sämlinge zu haben. Man nannte es lange „Spielergras“, weil man die Erträge nie vorhersagen konnte, aber in den späten 1940er Jahren fiel die Nori-Ernte ganz aus.

Derweil erforschte im weit entfernten englischen Manchester die Wissenschaftlerin Kathleen Drew-Baker den Lebenszyklus der verwandten Meeresalgenart *laver*, die die Waliser sammeln und zu einem unerklärlicherweise beliebten Brei namens *laver bread* verarbeiten. 1949 veröffentlichte Drew-Baker, die unbezahlt arbeitete, weil die Hochschulpolitik verheirateten Frauen Forschungsstellen verwehrte, ihre entscheidende Entdeckung: Bei dem mysteriösen, winzigen Organismus, der sich als rosa Brei in Muschelschalen findet, handelt es sich um ein Lebensstadium der Nori-Alge. Die an diese Erkenntnisse anknüpfenden japanischen Forscher erkannten, dass Taifune und Agrarabwässer die Muscheln auf dem Seegrund, in denen der rosa Brei lebte, hatte sterben lassen, und entwickelten eine verlässliche Nori-Anbaumethode. Heute zieht man die rosa Nori-Sporen auf Austernschalen, die man unter genauestens kontrollierten Bedingungen in riesigen Behältern aufhängt, dann in Netze füllt und so im Meerwasser auslegt. Schon nach sechs Wochen ist Nori erntereif. Drew-Baker, die in Großbritannien kaum jemand kennt, wird in Japan als Retterin der Algenindustrie verehrt und liebevoll „Mutter des Meeres“ genannt.

Algen wie Nori, die sich ständig mit den Meeresströmungen schlängeln, sind wertvolle Quellen für Gelatine wie zum Beispiel Agar, den Nährboden, auf dem in der medizinischen Forschung Bakterien und Pilze gezüchtet werden. Aus Nori-Agar werden aber auch die klebrigen japanischen *wagashi* (Süßigkeiten) hergestellt, die die Abfolge der Jahreszeiten symbolisieren und ebenso vergänglich und magisch sind, wie die Alge selbst den Menschen einst vorkam.

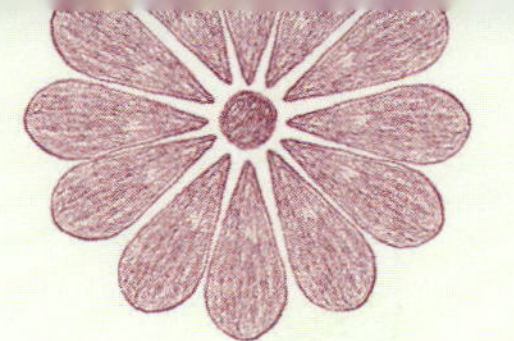

JAPAN

Chrysantheme

Chrysanthemum spp.

Chrysanthemen stammen aus der Region zwischen Balkan und Japan, die meisten entwickelten sich aber im Fernen Osten; in China werden sie ihrer Blüten wegen seit mindestens 2500 Jahren angebaut. Ihre körbchenförmigen Blütenstände bestehen aus vielen winzigen Blütchen in der Mitte und nach außen abstehenden Strahlenblüten drumherum, und da die meisten Sorten nur blühen, wenn die Nächte mindestens zehneinhalb Stunden lang sind, bringen sie Farbe in den Spätherbst. Man hat Sorten mit unzähligen Farben und Formen gezüchtet: einfache und gefüllte, flache und krause, ja sogar pomponförmige.

Manche Arten sind auch nützlich. So die von der östlichen Adria stammende Dalmatiner Insektenblume (mit dem irreführenden Namen *Tanacetum cinerariifolium*), deren gelbe Mitte von pinken Strahlen umgeben ist, und die *Chrysanthemum coccineum* aus dem Kaukasus. Ihre Blütenköpfe und Früchte enthalten Pyrethrine, aus denen Insektizide hergestellt werden, die biologisch abbaubar und für Säugetiere ungiftig sind, bei Insekten aber rasch (und leider wahllos) als Nervengifte wirken. Die Pflanzen sondern auch ein Pheromon ab, das Blattläuse abschreckt, Marienkäfer und andere nützliche Fressfeinde der Blattläuse hingegen anlockt.

Global gesehen sind Chrysanthemen die beliebtesten Schnittblumen nach Rosen, doch nicht jede Kultur erfreut sich in der gleichen Weise an ihnen. So assoziiert man sie in New Orleans, Teilen von Osteuropa und besonders Italien mit Trauer. Anderswo gelten sie als fröhliche Blumen und im Fernen Osten, wo sie mit Verjüngung und Langlebigkeit verknüpft sind, als besonders glückverheißend. In der traditionellen chinesischen Malerei ist die Chrysantheme (mit Pflaume, Orchidee und Bambus) einer der als „noble Arten“ geltenden „vier Herren“. In Japan ist der Chrysanthemenorden die höchste nationale Ehrung, auch ziert die beliebte Blume das allgegenwärtige Kaisersiegel. Bei den herbstlichen Chrysanthemenfesten werden neben Grünpflanzen Unmengen von Blüten ausgestellt und so gestylt und gequetscht, dass Hunderte von ihnen auf einzelnen Stängeln leuchtende Kuppeln bilden. Neben etwas seltsam aussehenden, als Computerspielfiguren verkleideten Blumen-Schaufensterpuppen finden sich Helden des Kabuki-Theaters, und von beiden hebt sich die heitere Eleganz des *kiku-zake* ab, eines Blütenblattaufgusses in einem Sake-Becher. Mit ihrer Verbindung von Tradition und Moderne, ihrem Respekt vor der Natur und gleichzeitig dem Wunsch, diese zu formen, sind solche Feste typisch japanisch.

JAPAN

Ginkgo

Ginkgo biloba

Der hohe, würdevolle Ginkgobaum kann 1000 oder mehr Jahre alt werden. Seine einzigartigen Fächerblätter verfärben sich im Herbst von leuchtendem Sittichgrün zu sattem Quittengelb. Ihr Leuchten wird von Fluoreszenz verstärkt, durch die die UV-Strahlung im Sonnenlicht in sichtbares Licht umgewandelt wird, das alterndes Blattwerk stimuliert. Als Ausnahme unter den zapfentragenden Bäumen wirft der Ginkgo sein Laub ab, und zwar oft alle Bäume gleichzeitig, sodass ihre Stämme Schiffsmasten auf einem goldenen Meer ähneln. Wild existiert die Art wahrscheinlich nur im Dalou-Gebirge in Südwestchina. Zum Glück werden seit über 1000 Jahren in buddhistischen Klöstern in China, Korea und Japan Exemplare gepflanzt und geschützt; sie gelten dort als heilig und werden mit Langlebigkeit verknüpft.

Der Verlust des Ginkgos wäre ein botanisches Desaster gewesen, denn er ist ein erstaunlicher Überlebender: Wie Fossilien beweisen, entwickelte er sich bereits vor 200 Millionen Jahren. Außerdem ist er das einzige lebende Mitglied einer ganzen Pflanzenordnung, die einst einen bedeutenden Teil der weltweiten Vegetation ausgemacht hat, aber vor rund 65 Millionen Jahren zusammen mit den Dinosauriern fast komplett ausstarb. (Eine andere bilden die Nadelbäume, eine weitere sämtliche Blütenpflanzen.)

Der Ginkgo, der männlich oder weiblich sein kann, ist eine seltsame Mischung: ein Nadelbaum mit evolutionären Überbleibseln der viel primitiveren Farne. Der bei den männlichen Bäumen in kätzchenähnlichen Blüten sitzende Pollen wird vom Wind transportiert und landet mit etwas Glück auf einem winzigen Tröpfchen Flüssigkeit, das aus einem an eine winzige grüne Eichel erinnernden Gebilde auf den weiblichen Bäumen austritt – der Samenanlage. Der Pollen dringt ein und bildet eine Röhre, über die er Nährstoffe aufnimmt. Nach ein paar Wochen platzt das Pollenkorn und gibt schwimmfähige Spermien ab, die annähernd kugelförmig und weniger als 0,1 mm dick sind und bei ihrer Befruchtungsreise von Reihen koordiniert schlagender Haare dirigiert werden. Die Samenanlagen entwickeln sich zu Samen mit fleischigem Mantel, der an leckere Miniaprikosen erinnert, dessen Geruch aber, besonders wenn man überreife Exemplare zertritt, freundlich ausgedrückt, an ranzige Butter, genaugenommen aber eine Mischung aus Erbrochenem und Hundekot erinnert. Gärtnereien vermeiden weibliche Bäume (und zu erwartende Beschwerden), indem sie auf sämtliche für Straßen gedachte Schösslinge männliche Knospen pfropfen.

Die von ihrem eklig stinkenden Fruchtfleisch befreiten harten Samenkerne des Ginkgos ähneln großen Pistazien. Kocht oder röstet man sie nach dem Trocknen und Knacken, nehmen sie eine attraktive jadegrüne Farbe und den

Geschmack von Esskastanien an. Diese „Nüsse“ werden als Knabberei gegessen und finden sich als Zutat in südostasiatischen Rezepten, doch Vorsicht! Sie enthalten ein Gift namens Ginkgotoxin, und mehr als eine Handvoll auf einmal kann, besonders bei Kindern, zu Magenbeschwerden, Schwindel und sogar Krämpfen führen. Am besten genießt man sie in Maßen und nach japanischer Art auf Kiefernadelspießen geröstet – und sinniert dabei über die Schönheit und altehrwürdige Herkunft des Ginkgos.

Zingiber spectabile
Zingiber officinale

THAILAND

Gewöhnlicher Ingwer (und Nickender Ingwer)

Zingiber officinale (und *Z. spectabile*)

Die Gattung *Zingiber* umfasst mehr als 150 Arten, von denen die meisten in den feuchten, immergrünen Wäldern Süd- und Südostasiens heimisch sind. Ihre Blütenstände sind oft zapfenförmige Gebilde auf Stängeln, die getrennt von der Hauptpflanze aus der Erde sprießen. Beim Gewöhnlichen Ingwer blühen jeweils nur mickrige ein oder zwei fingerhutgroße, gelbgrüne Blütchen mit aufgeworfener lila Unterlippe auf einmal. Ein freakiger Bruder ist der Nickende Ingwer (*Z. spectabile*), der verstörend künstlich aussieht – wie eine Radioantenne oder die Plastiknachbildung eines Schüreisens. Erst hellbeige, dann sämtliche Sonnenuntergangsfarben durchlaufend, ist die seltsame Pflanze in botanischen Gärten ein Publikumsmagnet.

Viele Ingwer haben dicke, unterirdische Hauptsprosse (Rhizome), die aromatisch riechen und als Gewürz, für Parfüms und in der Volksmedizin verwendet werden. Sie sehen wie plumpe, knotige Hände aus, haben eine dünne, korkartige Haut und sind innen hellgelb. Seit Jahrtausenden vermehrt man sie, indem man sie in einzelne „Finger" teilt und diese einpflanzt; wild kommt Ingwer nicht vor.

Der lateinische Bestandteil *officinale* in Pflanzennamen bedeutet „aus dem Abgaberaum" und bezieht sich auf die Lagerung von Arzneien in Klöstern. In manch einer traditionellen Medizin gilt Ingwer als Allheilmittel. Dass er Übelkeit, Schmerz, Magenverstimmungen und die Symptome normaler Erkältungen lindert, scheinen klinische Nachweise zu bestätigen; wissenschaftliche Tests sind allerdings rar, unter anderem weil Ingwer so breit genutzt wird und daher als patentierte Arznei nur schwer zu vermarkten ist. Die Substanzen, die ihm seine leckere Schärfe geben, können auch reizen, vor allem wenn sie im Mund oder anderswo in Kontakt mit der Schleimhaut kommen. Diese Eigenschaft nutzen skrupellose Pferdehändler beim sogenannten Figging oder Gingering, indem sie die Pferde mit einem Stück Ingwer im Anus schmerzhaft stimulieren.

Ingwer schmeckt süß und zitronig, aber durch seine Schärfe und den latenten Modergeruch auch wärmend. Während er aus der herzhaften asiatischen Küche nicht wegzudenken ist, gibt man ihn in Europa in Süßspeisen, Gebäck und Getränke. Er verleiht Ingwerwein seinen Geschmack, der den Kreislauf ankurbelt und Übelkeit lindert, sodass er von Amateurseglern nördlicher Gefilde geschätzt wird. Auf Ingwerwein beruht der Cocktail Whisky Mac, der einen auf kalter, offener See so richtig schön durchwärmen kann, überall sonst aber fehl am Platze ist.

INDONESIEN

Kokospalme

Cocos nucifera

Kokospalmen, der Inbegriff tropischer Freuden, sind ausdauernde Pflanzen, die dem Menschen bei minimalem Aufwand Unzähliges bescheren: Essen und Schutz; Brennstoff und Fasern; Werkzeuge, Arzneien und Salben; und einen süßen Saft, der zu klebrigen Brocken Palmzucker eingekocht oder zu Palmwein vergoren werden kann (s. Ölpalme, S. 68). In den Kulturen des Pazifikraums und Südostasiens ist die Kokosnuss so tief verwurzelt, dass deren Sprachen spezielle Wörter für verschiedene Sorten und feinste Reifegrade kennen. Sie stammt wahrscheinlich von irgendwo zwischen den Philippinen und dem südwestlichen Pazifik; ihre Ausbreitung erfolgte schon in prähistorischen Zeiten natürlich übers Meer und später auch durch austronesische Seefahrer. Seitdem werden Kokospalmen überall in den Tropen angepflanzt; heute ist Indonesien der größte Produzent.

Die bis zu 30 m hohen, schlanken, grauen Stämme der Küsten-Kokospalmen neigen sich oft Richtung Wasser – eine Anpassung, mit der sie der Beschattung durch andere Bäume entgehen. Der struppige Schopf aus schwungvollen, gefiederten Blättern erneuert sich ständig; die einzelnen Blätter krachen nach etwa drei Jahren zu Boden, neue, anfangs aufrecht stehende wachsen nach. Am Wellenmuster, das sich dadurch in den Stamm einprägt, lässt sich das Alter der Pflanze ablesen. Im Schopf sitzen an denselben Blütenständen cremegelbe männliche und weibliche Blüten – Erstere in dichten Massen, Letztere kugelförmig. Zwischen Bestäubung und Ernte vergeht etwa ein Jahr; in dieser Zeit bildet die Außenwand der Kokosnuss drei Schichten aus: eine wasserfeste äußere, die erst grün und schließlich hellbraun ist; eine zähe, faserige mittlere; und die uns vertraute harte, dunkelbraune innere Schale. Botanisch ist die Kokosnuss eine Steinfrucht, das heißt, der Same steckt in einer harten Schale.

Viele der Eigenschaften, dank derer die Kokosnuss auf weit verstreuten Sandstränden keimen kann, machen sie auch für uns Menschen besonders nützlich. Die Faserschicht, die die Frucht schützt und Luft enthält, die sie schwimmfähig macht, ist der Rohstoff der robusten Kokosfaser (Coir), aus der Taue, Bürsten und die typische Fußmatte gemacht werden. Auf Sand bilden sie ein schwammartiges Anzuchtmaterial für die Sämlinge (das sich daher im Gartenbau als Torfersatz anbietet). Die vom Sämling benötigten Nährstoffe werden im Nährgewebe unter der harten Schale gespeichert, das anfangs eine süßliche Flüssigkeit ist. Dieses erfrischende Kokoswasser wird viel konsumiert und vor Ort günstig verkauft. In Dürreperioden unschätzbar, ist es auf langen Reisen wichtig; jede Kokosnuss kann 0,5 l oder mehr davon enthalten und ist ein hygienisches Gefäß, das oben schwimmt, wenn ein Kanu kentert. Kokoswasser ist steril genug, um bei Notfällen als rehydrierende Tropfinfusion verwendet worden zu sein, wenn nichts anderes zur Verfügung stand.

Beim Reifen bildet sich innen eine milchige, durchscheinende Schicht, mit dem Löffel zu essen und lecker, es sei denn, man mag keine gallertartigen Konsistenzen. Eine Sorte, die philippinische Macapuno-Kokosnuss, hat geleeartiges Fruchtfleisch, das auch so bleibt und, zerkleinert, gesüßt und in Flaschen abgefüllt, verkauft wird. Aber bei den meisten Sorten wird das Nährgewebe nach und nach fest und kleidet die Innenwand mit weiß glänzendem, fetthaltigem Fruchtfleisch aus. Aus dem getrockneten Fleisch (Kopra) wird Kokosfett gewonnen, einst das wichtigste pflanzliche Öl im Handel. Inzwischen haben Palm- und Sojaöl es überholt, es ist aber bis heute ein wertvolles Gut.

Kokospalmen produzieren bis zu 2 kg schwere Früchte und bringen kontinuierlich Blüten und Früchte hervor. Statt zu warten, dass sie abfallen, pflücken furchtlose Kletterer sie; nur die Nüsse von Zwergsorten werden mit an Bambusstangen befestigten Klingen geerntet. Beunruhigenderweise werden in Südthailand und Teilen Malaysiens in Gefangenschaft gehaltene Makaken dazu abgerichtet, die Bäume 20-mal so schnell abzuernten wie Menschen – sie pflücken bis zu 1600 Früchte täglich.

Im 16. Jahrhundert nannten portugiesische Seefahrer die Frucht *coco*, was „grinsen", aber auch „böser Mann" bedeutete und sich auf die an ein Gesicht erinnernde Anordnung der drei Keimlöcher bezieht. Aus einem treibt der winzige Embryo den Trieb, der von den Reserven der Kokosnuss zehrt; dank ihnen kann er sich gegen andere Pflanzen behaupten, bis er Fuß gefasst hat. Wasser und Nährstoffe bezieht der Sämling aus einem cremefarbenen, runden Gebilde (dem Kokosnusskeim), das die komplette Frucht ausfüllt. Dieser *„coconut apple"* ist nicht käuflich zu erwerben, aber essbar und eine durstlöschende, knackige Leckerei, die man jedoch mit Bedacht genießen sollte. Schließlich wäre sonst ein Baum daraus geworden, der eine ganze Familie ernährt hätte.

Ganz, ganz selten einmal soll eine Kokosnuss eine harte, kugel- oder birnenförmige „Perle" enthalten, die orientalische Prinzen einst als Talismane schätzten. Im 19. Jahrhundert bestätigten namhafte wissenschaftliche Zeitschriften ihre Existenz, und Analysen deuteten auf reines Kalziumkarbonat hin – der Stoff, aus dem echte Perlen bestehen. Da aber nicht bekannt ist, wie Pflanzen es anlagern könnten, ist zu vermuten, dass die Forscher getäuscht wurden, unter Umständen mit Teilen einer Riesenmuschel.

Heute steht die ganze Frucht in vielen Kulturen für begnadetes Glück und Fruchtbarkeit und wird bei hinduistischen Zeremonien gern als Opfer dargebracht – was passend erscheint, wird die Kokosnuss doch vom wohl segensreichsten Baum der Welt hervorgebracht.

MALAYSIA

Riesenrafflesie

Rafflesia arnoldii

Die Riesenrafflesie ist ein sehr seltener Parasit in Borneo und Teilen des nahe gelegenen Sumatra. Wurzel-, spross- und blattlos existiert sie den Großteil ihres Lebens in Gestalt winziger Zellfäden, mit denen sie ihren Wirt vollständig durchsetzt. Ihr Wirt sind Lianen der Gattung *Tetrastigma*, von denen sie Wasser und sämtliche Nährstoffe bezieht. Damit scheint sie ihm nicht zu schaden: Vielleicht, weil er sie so eher gewähren lässt, hat sie sogar einige Erbanlagen von ihm übernommen.

Wie lange die Riesenrafflesie still in ihrem Wirt ausharrt, weiß niemand, ganz selten aber treibt sie durch die Wand der Liane einen Trieb, der innerhalb von ein, zwei Jahren zu einer flach auf dem Waldboden liegenden, kohlähnlichen Knospe anschwillt. Sie wächst explosionsartig noch ein paar Tage und öffnet sich dann zur größten Einzelblüte der Welt: mit dem Gewicht eines Kleinkinds und einem Durchmesser von bis zu 1 m. Fünf riesige, rostrote, blass gesprenkelte Blütenblätter säumen einen klaffenden Schlund und einen bizarr aussehenden Diskus, der verlockend warm ist und nach verwesendem Fleisch stinkt. Das Ganze wirkt wie ein riesiger Kadaver, und obwohl die Riesenrafflesie keine Belohnung zu bieten hat, zieht sie unwiderstehlich Schmeißfliegen an, auf deren Bestäubung sie angewiesen ist. (s. a. Drachenmaul, S. 47).

Trotzdem hat die Riesenrafflesie es nicht leicht. Ihre Knospen werden gern von Stachelschweinen und Zwergböcken gefressen, und ihre ausgeprägt männlichen und weiblichen Blüten verfaulen schon nach wenigen Tagen zu einer schwarzen Schmiere. Um bestäubt werden zu können, müssen sie gleichzeitig und in Flugentfernung zueinander blühen. Die geringe Chance erhöht sich dadurch, dass die Blüte ihre Besucher mit einem wochenlang funktionsfähigen, schleimigen Pollenglibber umhüllt. Überlebt eine weibliche Riesenrafflesie und wird auch noch bestäubt, wächst die Frucht langsam von unten heran; faustgroß und an alten französischen Käse erinnernd, enthält sie Tausende winziger Samen. Deren Ausbreitung ist noch immer ein Geheimnis; vielleicht fressen Spitzhörnchen sie und scheiden sie aus, oder die essbaren, öligen Vorwölbungen auf den Samen locken Ameisen an, die sie zu ihren Erdnestern tragen, wo sie dann neben den Wurzeln einer Liane keimen und in diese eindringen.

Die Riesenrafflesie ist von Habitatverlust bedroht und ihre ohnehin geringe Fortpflanzungsfähigkeit zusätzlich durch Wilderer gefährdet, die die Pflanze paradoxerweise als althergebrachtes Wochenbetttonikum und Mittel gegen Unfruchtbarkeit verkaufen.

INDONESIEN

Duftende Muskatnuss

Myristica fragrans

Die Muskatnuss ist ein sehr langsamwüchsiger Baum von bis zu 20 m Höhe und in den feuchten, tropischen Wäldern eines zu Indonesien gehörenden Archipels, der Molukken (früher Gewürzinseln), heimisch. Ihre blassen, unscheinbaren Blüten duften und sehen wie zierliche Urnen aus, ihre Früchte sind gelblich, gesprenkelt und etwa tennisballgroß; ein einziger Baum trägt pro Saison unter Umständen Tausende. In ihrer Mitte sitzt in einem glänzenden Samenmantel der harte Samenkern, die „Muskatnuss" – das Gewürz mit seinem unverwechselbar warmen, holzigen Duft. Außerdem erfreut das feine Muster der Gefäße, welche die ätherischen Öle enthalten, die sich beim Reiben nach und nach entfalten.

Die glänzende Nuss ist umhüllt von einer saftigen Schicht, dem blutroten, filigranen Samenmantel (Arillus), der wiederum in einer fleischigen Schale steckt. Ist die Frucht reif, platzt die Schale und gibt den auffälligen Samenmantel frei, eine leckere Speise für die Kaiserfruchttaube und ihr Lohn für die Samenausbreitung. Der getrocknete Samenmantel – das Gewürz Muskatblüte – hat ein milderes, komplexeres Aroma als Muskatnuss.

Letztere kam vor mindestens 2500 Jahren nach Indien und war auch im alten Ägypten bekannt. Nach Europa gelangte sie in größeren Mengen im 13. Jahrhundert mit arabischen Händlern, die ihre Quellen 200 Jahre lang geheim zu halten wussten. Die Muskatnuss war teuer und begehrt, um fades Essen aufzupeppen, aber auch als Amulett; außerdem hieß es, sie wende die Pest ab oder heile sie gar. Auf Leonardo da Vincis Liste der Dinge, die er um 1510 für eine Reise nach Pavia besorgen wollte, stand: „Brille mit Brillenetui, Federmesser, Papierbogen, Skalpell. Kauf einen Totenschädel. Muskatnuss." Damals lag der europäische Muskathandel in portugiesischer Hand, dann beanspruchten die Niederländer das Monopol und verteidigten es brutal; sie führten für Diebstahl, unerlaubten Anbau und Verkauf die Todesstrafe ein und behandelten die Ausfuhrware mit Ätzkalk, damit sie nicht anderswo keimen konnte.

Im frühen 17. Jahrhundert erschlossen die Briten sich eine Quelle für Muskatnuss – die Insel Run (heute eine der Banda-Inseln) –, wurden aber später von den Niederländern verdrängt, die die dortigen Muskatnussbäume zerstörten. 1667 gaben die Briten die Insel im Tausch gegen einen unbedeutenden niederländischen Stützpunkt in Nordamerika auf – Manhattan.

Im Europa des 18. Jahrhunderts, als man der Muskatnuss nachsagte, sie verleihe außer fadem Essen auch physischer Begierde mehr Würze, hatten die Herren gern eine silberne oder geschnitzte Muskatreibe mit integriertem Fach für die

Nuss dabei. Die Nachfrage nach Muskat und somit sein Preis waren unermesslich hoch, und um 1770 schmuggelte ein französischer Botaniker mit dem unglaublichen Namen Pierre Poivre die Muskatnuss nach Mauritius und brach so das niederländische Monopol. Auf diesen Streich geht wahrscheinlich der englische Zungenbrecher „Peter Piper picked a peck of pickled pepper" zurück; *piper* ist lateinisch für Pfeffer (frz. *poivre*) und jede Art von Gewürz. Die Engländer führten Muskatnusssamen bald im ganzen Empire ein, unter anderem in Grenada, das noch immer eines der wichtigsten Exportländer ist.

Ein bisschen Muskatnuss erzeugt ein angenehm warmes Gefühl, ein oder zwei ganze Samen auf einmal wirken dagegen gefährlich betäubend und sollen vielen Aussagen nach auch Halluzinationen auslösen. Man müsste einen Rausch aber schon sehr nötig haben, denn die Nebenwirkungen – Erbrechen, Verwirrung, Schwindel und Herzrhythmusstörungen – sind eher abschreckend. Daher war die Muskatnuss als Psychopharmakon immer nur die letzte Option; so berichtet der afroamerikanische Aktivist Malcolm X in seiner Autobiografie, er habe in den 1940ern im Gefängnis dazu gegriffen; um Missbrauch zu verhindern, wurde sie später aus den US-amerikanischen Gefängnisküchen verbannt. Auch Generationen von Studenten haben – in der Regel erfolglos – versucht, mit Muskatnuss preisgünstig high zu werden.

Ihre verbreitetste unsachgemäße Verwendung aber besteht darin, sie lange vor Gebrauch zu mahlen oder zu lange zu erhitzen. Beide kulinarischen Vergehen zerstören ihr edles, aber flüchtiges Aroma. Man sollte sie beim Kochen ganz zum Schluss mit Andacht reiben. Dann kann sogar Milchreis munden.

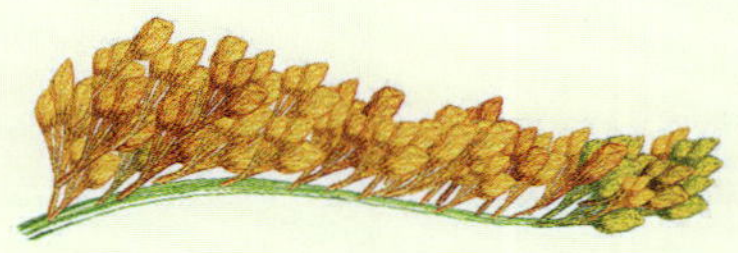

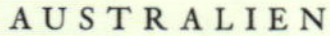

Western Australian Christmas Tree

Nuytsia floribunda

Jedes Jahr im Dezember macht *Nuytsia* ihrem Namen alle Ehre: In voller Blüte ist der Baum ein goldoranger Lüster. Jede duftende Blütentraube trägt Dutzende Teilblütenstände, faszinierende, seeanemonenähnliche Sonnen. Ihr üppiger Pollen und Nektar locken Insekten und Vögel an, ihre Blätter Kängurus und Wallabys.

Die Blütenpracht beeindruckt umso mehr, als sie sich wirkungsvoll von den mehrschichtigen, von Flächenbränden geschwärzten Stämmen abhebt. Die starke Hitze befördert die Blüte und beschleunigt die Reifung der dreiflügeligen Früchte, von denen klebrige, braune Samenklumpen herabtropfen, die vom Wind zerteilt und davongetragen werden. Gehen die Samen nicht auf, kann die Pflanze sich mittels nah beim Stamm austreibender Sprosse klonen.

Die stämmige *Nuytsia* brummt nur so von Leben, was bei einem Baum, der auf der trockenen, mageren Erde Südwestaustraliens wächst, wirklich nicht zu erwarten ist. Des Rätsels Lösung: Er ist der weltgrößte Parasit, ein Schnorrer, der bei seinen Nachbarn Wasser und Nährstoffe schmarotzt. Weil seine Blätter ihm die Produktion von Kohlehydraten ermöglichen, ist er botanisch gesehen nur ein Halbparasit, aber wie er seine ausgewogene Ernährung hinbekommt, ist schon erstaunlich.

Nuytsia kann lange „Erkundungswurzeln" treiben – gut und gerne 100 m weit –, von denen wiederum Seitenwurzeln abgehen. Nehmen sie in den Wurzeln einer Wirtspflanze bestimmte Substanzen wahr, schließt *Nuytsia* die betreffende Stelle mit einem Donut-förmigen Saugorgan ein. Darin bildet sie winzige, hydraulisch betriebene „Gartenscheren" mit scharfen Holzklingen, die die Wurzeln des Wirts abtrennen. Zur Vollendung des Raubüberfalls heftet *Nuytsia* ihr eigenes Wurzelsystem an den Wirt. Zufällig sind die Substanzen, die ihren Angriff auslösen, auch in verschiedenen Kunststoffen enthalten. Daher soll *Nuytsia* – kleiner Wink an die Science-Fiction! – schon vergrabene Telefonkabel aufgespürt und durchtrennt und den Isolierstoff elektrischer Leitungen zerstört haben: eine minimale Verschiebung des Kräftegleichgewichts zwischen Mensch und Pflanze.

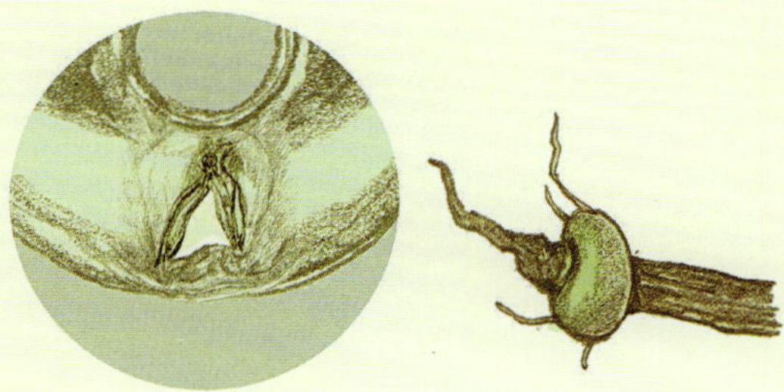

AUSTRALIEN

Australischer Grasbaum

Xanthorrhoea preissii

Es gibt an die 30 Gras„baum“arten, und alle sind in Australien heimisch. Sie wachsen pro Jahr nur um eine Fingerbreite; ein mannshohes Exemplar ist unter Umständen also 200 Jahre alt. Aufgrund ihrer angeblichen Ähnlichkeit mit einem Aborigine mit Speer wurden sie früher allgemein (und inzwischen beleidigend) Blackboy genannt. Bei den Nyungar-Aborigines heißt die Art „Balga“.

Die rauen, oft verkohlten Stämme des Balga tragen eine buschige Krone aus grashalmähnlichen Blättern und prägen das Buschland des südwestlichen Australien. Dieses Habitat wird von Flächenbränden geformt, an die Grasbäume sich besonders gut angepasst haben. Anders als ein richtiger Baumstamm besteht ihr Stamm aus den stummeligen, toten Überbleibseln von Blattgründen, die einen dicken, isolierenden Mantel um den inneren, lebenden Stamm bilden. Die dichte Krone schützt die sich entwickelnde Spitze der Pflanze und hält sie ausreichend kühl, um einen Brand zu überstehen und Dutzenden Arten von Insekten und anderen Tieren Asyl zu bieten, unter anderem der Gelbfuß-Beutelmaus mit ihren stets weit aufgerissenen Augen.

Feuer regen Grasbäume zum Blühen an, und nach verheerenden Bränden gehören diese zu den ersten Arten, die blühen und Leben und Farbe in die schwarz verkohlte Landschaft zurückbringen. Aus der Krone treibt ein blattloser, senkrechter, wanderstockähnlicher Schaft mit einem Blütenstand an der Spitze, der so lang wie ein Besenstiel und so dick wie ein Handgelenk sein kann. Dieser vorwitzige Blütenstand besteht aus Hunderten stielloser, spilleriger, sternförmiger, cremeweißer Blüten. Ihr Nektar lockt Insekten und Graumantel-Brillenvögel an, und nach der Bestäubung entwickeln sich harte, mahagonibraune, glänzende, spitze Samenkapseln.

Die Nyungar nutzen schon lange viele Teile des Baums, der zu einem Symbol für die Findigkeit der indigenen Bevölkerung und deren nachhaltige Koexistenz mit der Natur geworden ist. Aus den Blütenständen werden Speere gefertigt; ihre Blüten mit Wasser zu einem erfrischenden Getränk aufgegossen oder auch vergoren; das unten vom Stamm abgesammelte Harz (*xanthorrhoea* bedeutet „gelbe Flüssigkeit“) kann erhitzt und geformt werden, sodass man damit Axtköpfe an hölzernen Schäften anbringen und wasserdichte Ausbesserungen vornehmen kann; und die in verrottenden Exemplaren lebenden, fettreichen Bardee-Maden sind ein nahrhafter Bestandteil der traditionellen regionalen Kost. Geröstet schmecken sie wie Esskastanien.

AUSTRALIEN

Schlafmohn

Papaver somniferum

Schlafmohn, der Rohstoff von Morphinen, Heroin und anderen Opiaten, stammt aus Kleinasien, das Gros der illegalen Ware kommt jedoch aus Afghanistan. Zur Versorgung der Pharmaindustrie wird er aber auch auf riesigen, gut bewachten Feldern in der Türkei, Spanien und besonders dem australischen Inselstaat Tasmanien, dem größten legalen Produzenten der Welt, angebaut.

Der Schlafmohn – hüfthoch, mit gesägten blaugrünen Blättern und fleischigen Stängeln – ist robuster als sein uns vertrauter, harmloser orangeroter Vetter, der Klatschmohn. Beider Blüten ähneln einander im Aufbau. Die des Schlafmohns haben blasslila bis violette Kronblätter, einen dunklen Fleck nahe der Mitte und sind hauchdünn, wie Crêpe de Chine; die urnenförmigen Kapselfrüchte haben einen gekrausten Deckel, der wie ein Pfefferstreuer winzige schwarze Samen verstreut. Diese ergeben ein Speiseöl, werden (gemahlen und mit Honig vermischt) zur Kuchenfüllung und auf Brotwaren gestreut. Ein Drogentest eine Woche nach Verzehr eines Mohnbrötchens wäre positiv, doch für eine spürbare physiologische Wirkung ist die Opiatdosis in Mohnkörnern zu gering. Ritzt man hingegen unreife, grüne Fruchtkapseln an, sondern sie einen weißen Milchsaft mit einer Menge pharmazeutisch wertvoller Inhaltsstoffe ab. Getrocknet ergibt der Saft ein klebriges, braunes Harz namens Opium.

In Opium ist Morphin enthalten, das zum Abwehrmechanismus des Schlafmohns gehört. Beim Menschen wirkt es beruhigend und ahmt Endorphine nach, im Körper natürlich vorkommende, stark schmerzlindernde und oft auch euphorisierende Hormone; eine zu hohe Dosis führt allerdings zu verlangsamter Atmung und zum Erstickungstod. Andere in Opium enthaltene Substanzen sind wertvolle Muskelrelaxantien, Entzündungshemmer, Hustenstiller und Bestandteil vieler anderer Medikamente.

Seit mindestens 7000 Jahren wird Opium als eines von wenigen effizienten Schmerzmitteln genutzt. Im alten Griechenland kannte man es als Arznei gegen Angstzustände, Schlaflosigkeit und Schmerz, wusste aber auch um seine Gefahren; der Schlafmohn war Morpheus, dem Gott der Träume, wie auch Hypnos und Thanatos, den Göttern des Schlafes beziehungsweise Todes, geweiht. Im 19. Jahrhundert war Opium, obwohl sein hohes Suchtpotenzial bekannt war, in Europa und Nordamerika gesellschaftsfähig; man rauchte es in „orientalischen" Opiumhöhlen oder löste es in Alkohol auf („Laudanum"). Schriftsteller wie Edgar Allan Poe oder mehr noch Samuel Taylor Coleridge liebten Laudanum. Letzteren soll es zu seinem Gedicht „Kubla Khan: or A Vision in a Dream" inspiriert haben; auf der Höhe seines Schaffens trank er angeblich mehrere Pints Laudanum pro Woche.

Im 18. / 19. Jahrhundert war Opium in China beliebt, und als die Nachfrage das Angebot im Land übertraf, trat nur zu gern die Britische Ostindien-Kompanie auf den Plan, im Grunde ein verlängerter Arm der britischen Regierung, und begann Tee, Seide und Gewürze aus China mit Opium von Plantagen in Britisch-Indien zu bezahlen. Mehrere chinesische Kaiser versuchten, die Einfuhr zu beschränken, weil Opium abhängig mache und die Wirtschaft und die öffentliche Moral untergrabe. Doch gut organisierte Netzwerke schmuggelten die wertvollste Handelsware jener Zeit weiter ins Land. 1838 bemühte sich der chinesische Kaiser, Opium komplett zu verbieten, beschlagnahmte Tonnen davon und kippte sie ins Meer. Daraufhin begannen britische Truppen den Ersten Opiumkrieg, blockierten und bombardierten chinesische Häfen, bis der Kaiser einknickte. Im Zuge des nachfolgenden Abkommens wurde China zu enormen Reparationszahlungen gezwungen und trat Hongkong an Großbritannien ab. Der Opiumhandel bekam neuen Auftrieb, und Mitte des 19. Jahrhunderts konsumierte ein Viertel der männlichen Bevölkerung Chinas Opium regelmäßig. Der Zweite Opiumkrieg 1856 öffnete China noch weiter für den Handel, auch mit Opium. Die Opiumkriege waren nicht gerade eine Sternstunde für Großbritannien; die Demütigung durch die Briten prägt die chinesische Außenpolitik und besonders die Haltung zu dem, was als ausländische Einmischung in Hongkong empfunden wird, verständlicherweise bis heute. Die zynische Politik zur Vergrößerung des Opiummarkts im 19. Jahrhundert hat eine unschöne Parallele in den heutigen USA, wo Ärzte mit Unterstützung von Pharmafirmen viel zu hohe Dosen Opioide verschreiben, die aus derselben faszinierenden, unwiderstehlichen Pflanze gewonnen werden.

NEUSEELAND

Silberfarn oder Silber-Becherfarn

Cyathea dealbata

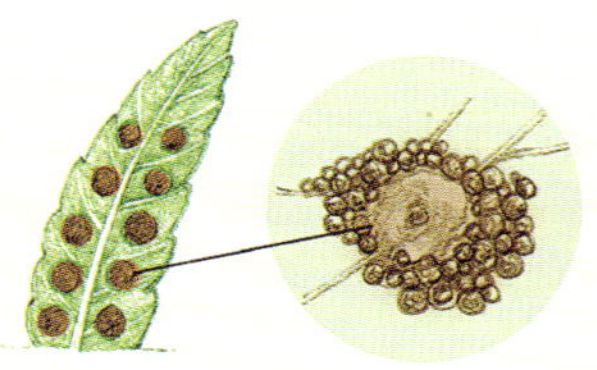

Farne brauchen Schatten und Feuchtigkeit und prägen Neuseelands dunstige Wälder, wo sie in über 200 Arten vorkommen. Der Silberfarn, auch bekannt als Ponga, Silber-Becherfarn oder Silber-Baumfarn, wächst langsam bis zu 10 m hoch, mit einem Schirm aus von der Mitte abstrahlenden, gebogenen Wedeln. Sie entfalten sich aus dichten, spiralig gerollten Spitzen, die in der Maori-Kunst Wachstum und Erneuerung symbolisieren und als *koru* ein verbreitetes Motiv sind. Fallen abgestorbene Wedel ab, bleiben die Blattgründe am rauen Stamm zurück, der schenkeldick sein kann. Die Blattunterseiten färben sich mit der Zeit weiß oder sogar silbrig; abgetrennt und mit der glänzenden Seite nach oben dienen sie nachts an Waldwegen als helle, den Mondschein reflektierende Wegweiser.

Die gewaltigen Farne, die wir bewundern, sind aber nur die halbe Geschichte. Auf der Unterseite ihrer Wedel sitzen in hübschen, unheimlich regelmäßigen Mustern braune, napfförmige Sporangien, in denen staubähnliche Sporen gebildet werden. Finden diese eine feuchte Fläche und keimen dort, entwickelt sich daraus das andere Lebensstadium des Farns: eine unscheinbare, herzförmige, fingernagelgroße Pflanze namens Prothallium. Es kann infolge raffinierter chemischer Signale, die für eine stets gute Geschlechtermischung sorgen, männlich, weiblich oder oft beides zugleich sein. Es wächst flach am Boden und bildet auf seiner feuchten Unterseite winzige Geschlechtsorgane aus. Die männlichen produzieren Spermatozoide, die mit winzigen Geißeln ausgestattet sind. Ist ein Wasserfilm vorhanden (weswegen es in Wüsten kaum Farne gibt), schwimmen sie zu den wenige Millimeter entfernten weiblichen Geschlechtszellen, und aus beiden wird ein neuer Farn, während das Prothallium eingeht.

Auch auf den feuchten Britischen Inseln sind Farne weit verbreitet, und in den 1840er Jahren brach dort eine regelrechte Farnmanie aus, die ein halbes Jahrhundert anhielt. Farne sprachen die Viktorianer in mancherlei Hinsicht an. Sie haben etwas Zurückgenommenes und Geordnetes an sich; die Form ihrer Blättchen ist oft identisch mit der der Wedel; und ihre Fortpflanzung ist dezent und züchtig, so ganz anders als die aufdringliche Sexualität der Blumen mit ihrer Abhängigkeit von Vögeln und Bienen. Praktischerweise gediehen Farne auch im Schatten der Wohnblocks in den Industriestädten, wobei ihre Vermarktung eher auf ein Publikum mit überlegenem Verstand und Urteilsvermögen abzielte.

Das Sammeln von Farnen wurde zu einem erbaulichen, gesunden nationalen Hobby. In der Hoffnung, sie aus ihrer Apathie zu wecken, ermunterte zum Beispiel Charles Dickens seine Tochter zur Anlage eines Farngartens. „Farnjagd"-Ausflüge waren bald ein beliebtes geselliges Vergnügen für Männer *und* Frauen; Assistenten

trugen die Picknickkörbe. Farnbücher und Farngesellschaften florierten samt passendem Zubehör: Glaskästen für die Anzucht und Utensilien, um sie zu pressen und aufzubewahren. Profis durchkämmten die Landschaften auf der Suche nach seltenen Farnen und verhökerten sie umfassend mit der Folge, dass einige Arten ausstarben und der Wunsch nach Neuentdeckungen den Blick auf Arten aus dem Empire lenkte.

Englische Sammler trieben lebhaften Handel mit getrockneten Farnen aus Neuseeland. Bastler kauften sich Bausätze mit Pappen, gepressten Pflanzen und Etiketten, anspruchsvolle Kunden bestellten maßgefertigte Holzkästchen mit zu Pazifikszenen arrangierten Farnproben. Da solche Arrangements entwicklungsfähige Sporen enthielten, dienten sie zugleich als mobile Gärtnereien. All das förderte den Farntourismus. Farngärten wurden angelegt, und spezielle Führer verrieten britischen Reisenden die besten Orte, um Farne zu sehen und entsprechende Produkte, wie Handarbeiten, Fotos und Nippes, zu erwerben. Um 1860 wurde der einst wilde, altehrwürdige Silberfarn in England als „idealer Gartenschmuck" angepriesen, doch nach Königin Viktorias Tod 1901 klang die Farnmanie ab. Heute zieren die durch und durch neuseeländischen Farnwedel die Trikots des beliebten Rugbyteams All Black und sind als Nationalpflanze allgegenwärtig.

NEUSEELAND

Baumfuchsie

Fuchsia excorticata

Anders als die moderaten Fuchsien der europäischen und nordamerikanischen Gärten ist *Fuchsia excorticata* ein beeindruckender Baum. Gelegentlich 15 m groß, ist sie die größte Fuchsie der Welt, mit einem beeindruckend knorrigen Stamm, papierartiger Rinde, die sich in rostroten Streifen abschält, und dichtem, grünem Laub, dessen Unterseite silbrig leuchtet. Als seltene Ausnahme in Neuseeland, das seit Millionen Jahren ein gemäßigtes Klima hat und wo Blätter ihre magische Chemie problemlos das ganze Jahr über verrichten, ist die Baumfuchsie laubabwerfend. Das ist so ungewöhnlich, dass es ein Maori-Sprichwort hervorgebracht hat: „I whea koe i te ngahorotanga o te rau o te kōtuku?" (Wo warst du während des Fuchsienlaubabwurfs?, das heißt: Warum warst du nicht da, als wir dich brauchten?)

Fuchsien sind für ihre herabhängenden, meist zweifarbig rosa-scharlachroten Blüten bekannt, die Vögeln zeigen, dass sie für die Bestäubung süßen Nektar erhalten. Bei der Baumfuchsie ist Rot untypischerweise aber das Signal für Vögel, anderswo danach zu suchen. Die Farbe ihrer Blüten verändert sich nach einem festen Zeitplan; anfangs grün und voller Nektar, färben sie sich lila, und sind sie bestäubt und ohne Nektar, werden sie rot. Die Vögel haben gelernt, auf unergiebige Besuche der Blüten zu verzichten; so sparen beide Arten viel Energie.

In auffälligem Kontrast zum Rest der Blüte ist der Pollen der Baumfuchsie leuchtend indigoblau und klebrig und sitzt genau so, dass er an den Köpfen der Tuis und Maori-Glockenhonigfresser hängen bleibt, wenn diese an einer Blüte nach der anderen naschen. Als vor der Ankunft der Europäer blaue Farbstoffe in Neuseeland rar waren, sammelten junge Maori den zähflüssigen Pollen, um sich Lippen und Gesicht damit zu bemalen.

Die isolierte Flora Neuseelands ist besonders anfällig für ortsfremde Schädlinge, die dort vielleicht keine Fressfeinde haben, und für Krankheiten, gegen die sie keine Resistenz ausbilden konnte. Ihrer Pelze wegen führten europäische Siedler in den 1830er Jahren Fuchskusus ein, die in ihrer Heimat Australien von Schlangen, Dingos und Buschfeuern in Schach gehalten und sogar staatlich geschützt werden. In Neuseeland dagegen, wo sie keine natürlichen Feinde haben, machen sie sich breit und stopfen sich mit Baumfuchsienblättern voll. Zum Glück gibt es eine erfolgversprechende Kampagne zu ihrer Eindämmung, sodass die Baumfuchsie weiterhin die Vögel beherbergen kann, deren Rufe zum Maori-Namen des Baums inspiriert haben: Kotukutuku.

VANUATU

Kava-Kava

Piper methysticum

In den 1770er Jahren beobachtete Johann Georg Forster, der als Naturforscher an Kapitän Cooks Pazifikexpedition teilnahm, wie Inselbewohner sich mit dem unvergorenen Saft von Pflanzenwurzeln zu betrinken schienen. Es waren Wurzeln der Kava-Kava, eines buschigen Strauchs mit handgroßen, herzförmigen Blättern und gefleckten, mit dunklen Bändern segmentierten Stämmen. Forster erkannte, dass sie mit der Gewürzpflanze Pfeffer verwandt ist, und nannte sie *Piper methysticum*: Rauschpfeffer.

Die Kava-Kava stammt wahrscheinlich von Vanuatu, einem aus etwa 80 Inseln bestehenden Archipel, wo sie wohl vor rund 3000 Jahren domestiziert und seitdem von umherziehenden Bevölkerungsgruppen in ganz Ozeanien verbreitet wurde. Deren große Auslegerboote waren schwimmende Gärtnereien, außer mit Kava-Kava mit Nahrungspflanzen wie Banane, Wasserbrotwurzel und Brotfrucht bepackt, die lange Seereisen überstanden und sich im tropischen feuchten Klima mittels Ablegern leicht neu ansiedeln ließen. Nach jahrhundertelanger menschlicher Selektion haben manche Arten jedoch die Fähigkeit verloren, zu blühen und verlässlich Samen zu produzieren, und so ist die Kava-Kava heute ganz auf die Vermehrung durch den Menschen angewiesen.

Da die Pflanze am besten auf 150 bis 300 m Meereshöhe gedeiht, kommen die Menschen nur auf steilen, bei Nässe rutschigen Pfaden durch zerklüftetes vulkanisches Gestein zu den Beeten. Mit etwa vier Jahren werden die Pflanzen von Hand geerntet: Man zieht sie im Ganzen aus der Erde und trocknet die schweren Bündel aus Wurzeln und unteren Stammenden sorgsam in der Sonne.

Hinter dem ganzen Aufwand steckt der hohe zeremonielle und soziale Stellenwert der Kava-Kava. Sie enthält Kavapyrone, harzige psychoaktive Substanzen, die über die Magenschleimhaut aufgenommen werden können, aber nur, wenn die Harztröpfchen extrem zerkleinert worden sind. Dies wurde, so Forster, „auf eine höchst ekelhafte Weise“ gemacht: Üblicherweise ließ man jungfräuliche Mädchen und (manchmal) Jungen gemeinsam Wurzelstücke kauen und dann in eine *tanoa* („Kavaschüssel“) speien. Heute wird Kava-Kava zwar oft mithilfe eines Klotzes toter Koralle auf einem Brett zerrieben, aber der Vorgang ist nach wie vor stark ritualisiert. Danach wird der Masse Wasser oder Kokosmilch beigegeben und die Mischung geknetet, ausgepresst und abgeseiht. Die entstehende trüb graue Emulsion ist säuerlich und ziemlich bitter. Man trinkt sie in einem Zug aus einer Kokosnussschale und übermittelt seinen Vorfahren beim unmittelbar anschließenden Ausspucken einen Wunsch.

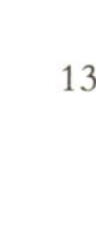

Der Effekt ist ein leichtes Taubheitsgefühl im Mund und auf den Lippen, gefolgt von einem angenehmen Gefühl heiterer Geselligkeit bei ruhigem, aber verblüffend wachem Geist. Höhere Dosen machen benommen und wackelig, im Gegensatz zu Alkohol aber nie laut oder streitlustig. Kava wird so gut wie nur von Männern konsumiert – bei Übergangsriten, religiösen Ritualen und bei der Begrüßung bedeutender Gäste, am liebsten aber, wenn man in der Abenddämmerung plaudernd um ein kleines Feuer sitzt.

Christliche Missionare gaben sich größte Mühe, Kava zu verbieten, das sie ablehnten, weil die Inselbewohner dem „heidnischen" Glauben anhingen, es bringe sie in Kontakt mit den Geistern und Göttern ihrer Vorfahren. Sein Niedergang zur Zeit des Kolonialismus und der Missionare steht in deutlichem Gegensatz zu seiner Wiederbelebung nach Erlangung der Unabhängigkeit. Deswegen war es von so großer symbolischer Bedeutung, dass die Queen und der Papst bei ihren Besuchen dort öffentlich Kava tranken.

Ist der Konsum sicher? Ende des 20. Jahrhunderts führten Berichte über Leberschäden bei westlichen Konsumenten dazu, dass viele Länder Einfuhr- und Vertriebsbeschränkungen einführten. In den betreffenden Fällen waren aber wohl hochdosierte, mithilfe von Lösemitteln gewonnene pflanzliche Auszüge im Spiel, und Kava wurde vielleicht mit anderen Arzneien und Zusatzstoffen kombiniert. Aktuelle Studien deuten darauf hin, dass Kava bei gelegentlichem Konsum auf die traditionelle Art eine relativ harmlose Freizeitdroge ist.

Die Regierungen einiger Pazifikinseln fördern den Anbau der Pflanze, damit Pharmafirmen Therapien für Menschen entwickeln können, deren Arbeit und Lebensstil sie für Schlafprobleme und Angstzustände anfällig machen. Für die Inselbevölkerung waren Kava-Kava und seine Kavapyrone immer eine Zuflucht – beruhigend, wohltuend und schlaffördernd. Nicht so leicht in Fläschchen abzufüllen sind aber wohl seine spirituelle und soziale Dimension.

Pandanus tectorius

KIRIBATI

Schraubenbaum

Pandanus spp.

Die 650 *Pandanus*-Arten des tropischen Afrika, Südostasien und Ozeanien wachsen meist in feuchten Küstenregionen, auf Inseln und Korallenatollen. Auf den Pazifikinseln genauso wichtig wie die Kokospalme (s. S. 121), liefern sie Nahrung, Fasern, Baumaterialien, Arzneien und Schutz; sie verhindern Küstenerosion und fungieren als Windschutz und Grundstücksmarkierung. Vielfach mit Luftwurzeln (kräftige Stelzwurzeln rund um den Ansatz) ausgestattet, erinnern sie an die nicht mit ihnen verwandten Mangroven. Ihr Trivialname leitet sich von der spiraligen Anordnung der Blätter und den riesigen, ananasähnlichen Früchten einiger Arten ab. Ihre zähen, faserigen Blätter sind schwertförmig, mit scharfen Dornen an den Rändern; in Neukaledonien haben Krähen gelernt, dornige Blattstücke abzureißen und mit diesen Werkzeugen in Spalten zu stochern und Insektenlarven herauszuangeln – der weltweit komplexeste, bisher bekannte, nicht menschliche Gebrauch eines Werkzeugs zur Nahrungssuche.

Bei ihrer Ausbreitung verfolgen *Pandanus*-Pflanzen eine Doppelstrategie. Ihre Samen überleben problemlos in Süß- wie Salzwasser, sodass sie von Insel zu Insel gelangen können, werden aber auch von Krebsen, Eidechsen, Nagetieren, diversen Vögeln und dem Menschen verbreitet, die alle von ihren fleischigen Früchten angelockt werden.

Pandanus tectorius, in Kiribati *te kaina* genannt, stammt aus Queensland, Australien, wächst inzwischen aber im ganzen Pazifikraum. Seine rundlichen Früchte bestehen aus mindestens 100 facettierten Keilen, die ineinanderpassen, anfangs eine kompakte Einheit bilden und sich in der Mitte orangerot färben. Teilt man sie in zwei Hälften, sehen sie wie geologische Planetenmodelle aus. Die Keilansätze, die etwas gallertartig sind und lecker nach Zuckerrohr und Mango schmecken, sind ein beliebter Snack; reich an Vitamin A, Vitamin C und Kalorien, werden sie gern beim Rauchen und Plaudern gegessen. Die Frucht kann auch zu *mokan* geröstet und getrocknet werden, einem nach Datteln schmeckenden süßen Brei, der früher für Hungerszeiten gelagert wurde und als Reiseproviant diente. In Kiribati gibt man eingemachtes *te kaina* noch immer seinen Liebsten auf lange Touren mit.

Ein anderes Mitglied der Gattung, *P. amaryllifolius*, wird in der südostasiatischen Küche wegen seines Heudufts verwendet. Unter der irreführenden Bezeichnung „asiatische Vanille“ – es schmeckt kein bisschen nach Vanille – würzt es Thai-Reis, der in Körbchen aus seinen Blättern gedämpft wird. Und dem luftig-seidigen Pandan Chiffon Cake verleiht er seine feine grasige, blumige Note und hellgrüne Farbe.

In Papua-Neuguinea kommt *P. conoideus* (genannt *marita*) mit spektakulären essbaren Früchten vor – knallrote Torpedos von der grotesken Länge eines Männerbeins. Man spaltet sie mit einer Machete, wickelt die Teile in Blätter, backt sie im Erdofen und knetet ihr öliges, zinnoberrotes Fruchtfleisch von Hand mit Wasser, um die Samen herauszulösen. Die so entstehende würzige *marita*-Soße wird beim Kochen verwendet und auch in Flaschen gefüllt und mit dem Versprechen zahlloser kaum glaubhafter gesundheitlicher Vorzüge vertrieben.

Die fußballgroße Frucht einer anderen Art in Neu-Guinea, *karuka* (*P. julianettii*), enthält Büschel mit je Hunderten spitzer, mittelfingergroßer Nüsse. In ihnen sitzen Samen, die wegen ihres Walnussgeschmacks, ihres Öls und ihres extrem hohen Eiweißgehalts so beliebt sind, dass auf dem Land zur Erntezeit ganze Hausstände samt Schweinen usw. ins Hochland ziehen. Diese Praxis verschwindet allmählich, aber noch verständigen sich die Erntenden oft mithilfe einer speziellen „Pandanussprache", die nur während dieser einen Aktivität und besonders dann gesprochen wird, wenn sie sich von den Anbauflächen in weniger vertraute Teile des Waldes begeben. Diese Sprache, die böse Geister besänftigen soll, hat eine eigene Grammatik und einen elaborierten Wortschatz, in dem nur wenige der rund 1000 Wörter an unerwünschte Eigenschaften wie Wässrigkeit, unangenehmer Geschmack oder störende Konsistenz denken lassen.

Die anderswo weitgehend unbekannte Gattung *Pandanus* spielt in Kultur und Leben Ozeaniens eine bedeutende Rolle. Besonders hervorgehoben seien vielleicht die aus geflochtenen Pandanusblättern gefertigten Segel der Seekanus, mit denen frühe Seefahrer den riesigen Pazifikraum erkundeten und besiedelten.

Pandanus conoideus

MARQUESAS-INSELN (FRANZÖSISCH-POLYNESIEN)

Lichtnussbaum

Aleurites moluccana

Der Lichtnussbaum, ein hübsch gerundeter, in Südostasien heimischer, immergrüner Schattenbaum, wurde vor Jahrtausenden von Aborigines im Pazifikraum verbreitet. Seine Blätter sind mit Härchen übersät, und von Weitem verleihen ihre blassen Unterseiten ihnen ein auffälliges silbriges Grün. Kleine, süß duftende Blüten bilden Büschel, jede mit fünf zarten, weißen Kronblättern und einer sonnengelben Mitte. Die runden Früchte sind im reifen Zustand blassbraun und bergen je zwei hellbeige Samen in gefleckten, papierähnlichen Schalen. Diesen „Nüssen", die so viel Öl enthalten, dass sie hell brennen, verdankt der Baum seinen Namen.

In Hawaii, wo der Lichtnussbaum *kukui* heißt und der Staatsbaum ist, behandelt man mit seinem Öl Hautrisse und Brandwunden, schnitzt aus den Nüssen hübsche Anhänger oder fädelt sie zu Halsschmuck (*lei*) auf. Die bei rohem Verzehr unangenehm abführend wirkenden Nüsse werden auch geröstet und mit Salz zu *inanoma* zerstoßen, dem entscheidenden Gewürz für *poke*, ein Gericht aus stückigem rohem Fisch. Die vielleicht bedeutendste Rolle spielt der Lichtnussbaum aber für die Kunst des Tattoos.

Um Tattoofarbe zu gewinnen, zündete man in der Sonne getrocknete Lichtnüsse an und hielt eine Muschel, einen flachen Stein oder eine leere Kokosnuss über die gelbe Flamme. Der entstehende sehr feine Ruß wurde mit Kokoswasser vermengt, das zum Glück relativ steril ist (s. S. 121). Das Tätowieren selbst war nicht nur ein zeremonieller religiöser, sondern auch enorm schmerzhafter und bisweilen gar tödlicher Akt, denn der Künstler und seine Mitarbeiter benutzten Holzkämme, Schildpatt, menschliche Knochen und Haifischzähne, alle nicht sterilisiert. Vom ersten Piks bis zum Ende des Heilprozesses konnte die Tortur viele Monate dauern.

Jede Inselnation hatte ihre eigenen Motive: die Maori den Strudel, die Bevölkerung der Solomonen stilisierte Fregattvögel, die der Marquesas Bögen und Kreise usw. Individuelle Designs informierten über Status und Familiengeschichte, und neue Erlebnisse wurden, oft über Jahrzehnte, mit zusätzlichen Elementen dokumentiert. So standen zum Beispiel Spiralen um die Augen für Tapferkeit im Kampf. Im Laufe des Lebens wurden so unter Umständen die Augenlider, das Innere der Nasenlöcher und sogar der Gaumen tätowiert.

In den späten 1760er Jahren berichteten Kapitän James Cook und der Naturforscher Joseph Banks von Menschen mit *tatau* (regional für „markieren"), und viele ihrer Besatzungsmitglieder kehrten mit polynesischen Tattoos heim. Die Mode fand Anklang, und so war in den 1830er Jahren in den meisten britischen

Häfen mindestens ein hauptberuflicher Tätowierer tätig. Im Südpazifik, wo die Tätowierkunst in der Kolonialzeit zurückging, läßt sich seit Kurzem eine starke Wiederbelebung der lokalen Tradition beobachten – eine Rückbesinnung auf eine Zeit, in der Tattoos eine stolze, öffentliche Zurschaustellung von Geschichte und Kultur darstellten.

ARGENTINIEN

Mate-Strauch

Ilex paraguariensis

Der in Südamerika heimische Mate-Strauch ist immergrün und kann bei günstigen Bedingungen zum stattlichen Baum heranwachsen. Seine Blüten sind Büschel kleiner, gebrochen weißer Sputniks, seine Früchte wie die seiner engen Verwandten, der Stechpalme (*Ilex aquifolium*), von scharlachroter, Vögel anlockender Farbe. Für den Menschen hingegen sind seine Blätter interessant. Zäh, glänzend und oft gesägt, sind sie eine Hausapotheke voller Koffeine und anderer nützlicher Substanzen. Schon Jahrhunderte vor der Ankunft der Spanier verwendeten die Guarani und die Tupi Mateaufgüsse rituell, um sich zu stärken und wachzuhalten. Heute ist Mate in ganz Südbrasilien, Paraguay, Uruguay und Nordargentinien ein beliebtes nicht alkoholisches Getränk.

Mateblätter werden über einer offenen Flamme kurz und hoch erhitzt, langsam in Holzrauch getrocknet, bis zu einem Jahr gelagert und zerkleinert oder zu Pulver gemahlen. Wie andere koffeinhaltige Pflanzen (Tee, Kaffee, Kola) hat Mate die Funktion eines sozialen Schmiermittels samt speziellen Utensilien und Bräuchen. Für den anregenden, rauchigen und erfrischend bitteren Aufguss überbrüht man die Blätter in einer kleinen, oft reich verzierten Kalebasse mit heißem Wasser. Man trinkt ihn zusammen mit Freunden oder auf der Straße mit einer *bombilla*, einem Metalltrinkhalm mit Sieb am einen Ende. Da die Blätter mehrfach verwendbar sind, bieten Kioske und Tankstellen kostenlosen Heißwassernachschub an.

Erfreulicherweise bestätigen aktuelle Untersuchungen insofern das indigene Wissen, als nachgewiesen werden konnte, dass der bunte Substanzenmix des Mate-Strauchs die Fettverbrennungsrate bei Bewegung erhöhen kann, was Muskeln kräftigen und sportliche Leistungen verbessern soll.

PERU

Garten-Fuchsschwanz

Amaranthus caudatus

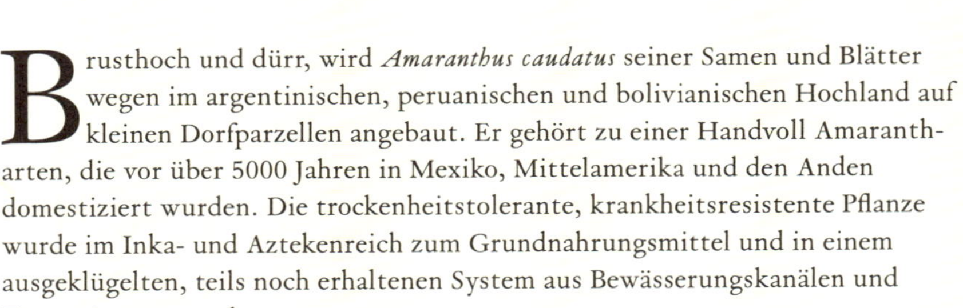

Brusthoch und dürr, wird *Amaranthus caudatus* seiner Samen und Blätter wegen im argentinischen, peruanischen und bolivianischen Hochland auf kleinen Dorfparzellen angebaut. Er gehört zu einer Handvoll Amaranth-arten, die vor über 5000 Jahren in Mexiko, Mittelamerika und den Anden domestiziert wurden. Die trockenheitstolerante, krankheitsresistente Pflanze wurde im Inka- und Aztekenreich zum Grundnahrungsmittel und in einem ausgeklügelten, teils noch erhaltenen System aus Bewässerungskanälen und Terrassierung angebaut.

Die großen Blätter mit tiefen Blattadern sind lecker. Sie werden wie Spinat zubereitet, erinnern geschmacklich an Artischocken und enthalten außer Vitaminen, Eisen und Ballaststoffen für ein Blattgemüse erstaunlich viel Eiweiß.

Die Blütenstände wirken ein wenig verlottert; es sind in zotteligen Büscheln herabhängende Quasten, die je aus unzähligen winzigen, wein- oder blutroten Blüten bestehen. Später erscheinen Massen cremeweißer, goldgelber oder rosa Samen, pro Pflanze gut und gerne 50 000, kaum mehr als stecknadelkopfgroße fliegende Untertassen. Mit rund einem Drittel mehr Eiweiß als Weizen und viel Lysin, einer in Weizen nicht enthaltenen essentiellen Aminosäure, sowie mehr Öl und weniger Stärke sind sie eine ausgezeichnete Nahrungsquelle und gute Ergänzung zu Getreide. In Peru bringt man sie in einem heißen Tontopf wie Miniatur-Popcorn zum Platzen, röstet sie und kocht daraus einen kräftigenden, nussigen Porridge oder mahlt sie zu Mehl.

Lange vor der spanischen Eroberung formte man aus *tzoalli*, einem Teig aus Amaranthmehl und Agavensirup (s. S. 158), Figuren, die Götter wie den mächtigen Huitzilopochtli, Quetzalcoatl (Gott der Weisheit und der Künste) und Tlaloc (Gott des Regens) darstellten, mit Bohnen als Augen und Samen als Zähnen. Man aß sie bei religiösen Festen zur Abwehr von Krankheiten, zur kollektiven Selbstreinigung und besonders, damit sich ihre Kraft und ihr Wesen auf einen übertrugen. Die Spanier sahen in diesen Riten eine ungute Parallele zur katholischen Tradition der Heiligen Kommunion. Und während wenige spanische Priester und Missionare sie als Beweis dafür betrachteten (oder betrachten wollten), dass die indigene Bevölkerung Elemente des Christentums übernahm, hielten die meisten sie für Teufelswerk, sodass sie mitsamt dem Amaranthanbau verboten wurden, der sich erst fast 500 Jahre später wieder zu erholen begann.

Heute lebt die Idee der Theophagie in dem schmackhaften Straßensnack fort, der in Peru *turrones* und in Mexiko *alegría* (Freude) heißt: mit Sirup oder Melasse erhitzte, meist gefärbte gepuffte Amaranthsamen. In Mexiko formt man aus *alegría*, vor allem für den Tag der Toten und andere Feste, bei denen sich christliche und indigene Bräuche verbinden, traditionell Totenschädel und kleine Figuren. (s. Hohe Studentenblume, S. 97).

Weltweit existieren etliche, vielfach essbare Amarantharten mit Sorten, die ihres Korns, ihrer Blätter oder, besonders in Europa, ihrer Schönheit wegen gezüchtet worden sind. Der Name *Amaranthus* (aus dem Griechischen für „nicht vergehend") bezieht sich auf seine langlebigen Blüten und Fruchtkapseln, die manchmal ähnlich gefärbt sind. Da er an lateinische Wörter mit Liebeskonnotationen erinnert, nannte man ihn im mittelalterlichen Europa *flos amoris* (Liebesblume). Und im 19. Jahrhundert erhob das viktorianische England den hängenden, scharlachroten Amaranth zum Sinnbild für unerwiderte Gefühle, daher sein englischer Name *love-lies-bleeding*. Im Französischen hieß er *discipline de religieuse* („Nonnengeißel"). Der deutsche Name Garten-Fuchsschwanz hat ebenfalls mit der auffälligen Form des Blütenstands zu tun, ist aber enger mit dem lateinischen Namen verknüpft (*caudatus*: geschwänzt).

Im heutigen Mexiko und Peru wird offiziell zum Anbau der Pflanze ermuntert, und auch in Indien, Nepal und Zentralafrika wird sie als verlässliche Nahrungspflanze kultiviert, bisher allerdings nur für einen Nischenmarkt. Das lässt hoffen, denn weltweit liefern nur drei Getreide – Weizen, Reis und Mais (s. S. 182) – fast die Hälfte aller Kalorien, eine Situation, die für die Ernährung und die Artenvielfalt schädlich ist und die Verbreitung von Schädlingen und Krankheiten zwischen den in riesigen Monokulturen wachsenden Pflanzen begünstigt. Amaranth ist genau die Art in Vergessenheit geratener Nutzpflanze, um die wir unsere Kost bereichern sollten.

PERU

Kartoffel

Solanum tuberosum

Bei der bescheidenen, kniehohen Kartoffelpflanze stehen hübsche kleine, rosa oder weiße, sternförmige Blüten um einen „Zapfen" grellgelber Staubbeutel. Ihre Knollen – die unterirdischen Speicherorgane – kennt jeder, aber wer weiß schon über ihre Früchte Bescheid? Diese sehen von außen wie kleine, grüne Tomaten und innen auch so ähnlich aus, enthalten jedoch wie die Blätter Solanine: giftige Abwehrstoffe, die schwere Magenbeschwerden sowie Kopfschmerzen, Verwirrung, oder Halluzinationen hervorrufen. Solanine sind auch in den Knollen enthalten, aber so geringfügig, dass sie keinen Schaden anrichten – außer, sie werden Licht ausgesetzt, was ihre Abwehr aktiviert. Dann steigt die Giftkonzentration in ihnen drastisch an – in der Schale bis zum Hundertfachen –, und die grüne Farbe, die sie gleichzeitig annehmen, ist zwar nur harmloses Chlorophyll, aber ein nützlicher Indikator dafür, dass die Kartoffel weggeworfen werden sollte.

Die meisten kultivierten Kartoffeln sind Sorten derselben Art, *Solanum tuberosum*. In der sich über Peru und den Nordwesten Boliviens erstreckenden Region, in der Kartoffeln vor rund 9000 Jahren erstmals domestiziert wurden, gibt es hingegen neun essbare Arten und zahllose Sorten. In den Andendörfern ist das Pflanzen von Kartoffeln ein Gemeinschaftserlebnis. Hier hängen Versorgung und Leben von der Kartoffelernte ab, und die ersten Früchte werden mit religiösen Zeremonien begrüßt, bei denen sich spanisch-katholische und indigene Traditionen mischen. Die Dorfbevölkerung ehrt die Kartoffeln: runde und längliche, große und kleine; in Regenbogenfarben vom hellsten Gelb bis zum tiefsten Lila, mit entsprechendem Fruchtfleisch; solche mit nussigem, fruchtigem Geschmack und unterschiedlicher Konsistenz. Viele Kartoffeln gedeihen anders als Getreide noch hoch oben in den Anden. Dort kann man sie zu *chuño* zerstampfen und gefriertrocknen, einem haltbaren Lebensmittel, das die Inkas Jahrtausende vor dem Instantkartoffelbrei erfanden.

Im 16. Jahrhundert brachten die Spanier die Kartoffel nach Europa, wo sie sich als Mitglied der Familie der vielfach giftigen Nachtschattengewächse und wegen ihrer Verbindung mit „rückständigen" Bauern aber nur langsam durchsetzte. Herrscher erkannten ihre Vorteile, weil sie auf sehr wenig Raum sehr viel nahrhafte Kost hervorbringt, und bemühten sich, die Bevölkerung von ihrem Nutzen zu überzeugen. Im 18. Jahrhundert griffen die Franzosen zu Listen, postierten zum Beispiel bewaffnete Wachen um Kartoffelfelder, um das Gemüse demonstrativ aufzuwerten, und Friedrich der Große veranstaltete ein öffentliches Kartoffelbankett, um Skeptikern zu beweisen, dass es sogar für einen König gut genug war.

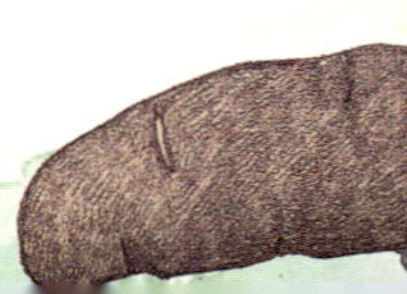

Sobald die Kartoffel sich durchsetzen konnte, veränderte sie die Gesellschaft; die gestiegene Nahrungsproduktion machte für Bauern den Weg in die Fabriken frei und beförderte so die industrielle Revolution. In den 1830er Jahren war Europa bereits bedenklich abhängig von der Knolle, vor allem Irland, wo sie ein rasches Bevölkerungswachstum bewirkte. Leider verstärkte sich die genetische Gleichförmigkeit der Pflanze, die aus wenigen aus Südamerika eingeführten Exemplaren gezüchtet worden war, noch durch ihre Vermehrung mittels „Saatkartoffeln", also der Knollen selbst. Diese vegetative Fortpflanzung produziert Klone – identische, für dieselben Schädlinge und Krankheiten anfällige Nachkommen.

1845 verursachte *Phytophthora infestans* in Europa den Kartoffelmehltau. Im feuchten, gemäßigten irischen Klima vermehrte er sich auf den dicht bepflanzten Feldern mühelos, färbte die Blätter der Kartoffelpflanzen schwarz und machte aus den Knollen einen übelriechenden Matsch. Eine Million Iren starben an Hunger und Krankheiten, zwei Millionen wanderten aus. Das Leid verschärfte sich noch, weil herzlose wirtschafts- und sozialpolitische Maßnahmen dazu zwangen, andere, nicht betroffene Nahrungspflanzen nach England auszuführen, dem Sitz der Kolonialmacht. Auf dem Höhepunkt der Hungersnot sammelten die Choctaw-Indianer in Oklahoma, die selbst Hungerqualen kannten, Geld für die irische Hungerhilfe, woran seit Kurzem eine Skulptur in der Grafschaft Cork erinnert.

Auch heute sind die Erträge oft vom Kartoffelmehltau bedroht, den man vorwiegend mit chemischen Mitteln in Schach hält. Neue Sorten mit den Genen wilder Arten sind resistent, aber in der Geschichte der Kartoffel geht es nicht nur um den Erhalt ihrer Hunderte wilder Verwandter in Amerika, sondern auch um eine kluge und empathische Politik.

ECUADOR

Panamapalme

Carludovica palmata

Panamahüte werden in der Regel in Ecuador hergestellt, und die Panamapalme ist keine Palme. Denn im Gegensatz zu echten Palmen hat sie keinen einzelnen Stamm, und ihre Laubblätter wachsen in Leporelloform zu ihrer vollen Größe heran. Ihr maiskolbengroßer Blütenstand ist bizarr. Zuerst zeigt sich eine duftende, spaghettiähnliche Masse, die Rüsselkäfer zu den darunter verborgenen weiblichen Blüten lockt. Öffnen sich die männlichen Blüten, huschen die Käfer zu ihnen, werden mit Pollen bestäubt, fliegen zu einer weiblichen Blüte einer anderen Pflanze und bestäuben sie. Die verwelkten Blüten fallen ab und legen ein rotes Gewebe frei, in dem kleine Beeren sitzen, gefüllt mit schleimigen Samen, die von Vögeln, Ameisen und vom Regen verbreitet werden. All dieser Extravaganz zum Trotz sind die meisten Samen nicht entwicklungsfähig. Vielmehr erscheinen dicht am Boden horizontale Sprossachsen und schlagen hie und da Wurzeln.

Die in tropischen Tieflandwäldern heimische „Palme" wird in Ecuador für die Hutmacherei angebaut. Ihre feinen, gebleichten und trotzdem feuchten, biegsamen Blattfasern werden von Hand verwebt. Die teuersten Hüte haben 40 Fasern pro Fingerbreite und fühlen sich wie feine Leinwand an. Man kann sie rollen, entrollen oder sich sogar draufsetzen.

Während des Goldrauschs in Kalifornien reisten viele Abenteurer auf der Schiffsroute über Panama an die Pazifikküste. Dort hatten die Hutmacher aus Ecuador einen Absatzmarkt für ihre Hüte entdeckt, und so verband man sie bald mehr mit dem Land, in dem sie gekauft, als mit dem, in dem sie gefertigt wurden. Einen weiteren Schlag erlitt Ecuadors Markenartikel, als US-Präsident Roosevelt sich beim Bau des Panamakanals in einem riesigen Bagger fotografieren ließ. Das Bild ging um die ganze Welt und gab Anlass zu zahlreichen Bemerkungen über seinen „Panamahut".

GUAYANA

Amazonas-Riesenseerose

Victoria amazonica

Die Nationalpflanze Guayanas wächst in Seen und trägen Gewässern des Amazonasbeckens. Ihre großen, weißen Blüten, die sich am späten Nachmittag öffnen, sind warm und duften nach karamellisierter Ananas. Sie locken Pillendreherkäfer an, und dann greift der übliche Trick: Während die Käfer sich laben, schließen sich die Blütenblätter und halten sie über Nacht gefangen. Am nächsten Abend werden sie mit Pollen beladen wieder entlassen. Die Blüte hat sich derweil hellrosa gefärbt und ihren Duft eingebüßt, sodass die Käfer wegfliegen und andere, weiße Blüten ansteuern, während die erste Blüte welkt, ins Wasser sinkt und Samen produziert.

Mit ihren wie flache Bratpfannen geformten Blättern, den mit einem Durchmesser von manchmal 3 m größten aller Wasserpflanzen, ist die Riesenseerose bestens an ihre ökologische Nische angepasst. In ihrer riesigen, kreisrunden, erbsengrünen Oberfläche, die eine ungehinderte Fotosynthese erlaubt, befinden sich winzige Lufttaschen, die sie über Wasser halten, und durch Poren im Rand fließt Regenwasser ab. Die Blattunterseite ist mit einer beeindruckenden Stützvorrichtung aus vom Zentrum abstrahlenden, hervortretenden Leisten ausgestattet, die mit Querstreben verbunden und mit beachtlichen, blattfressende Fische und hungrige Seekühe fernhaltenden Stacheln bewehrt sind. Der Schlamm am Seegrund enthält eine Menge Nährstoffe, aber wie jede Pflanze brauchen auch die Wurzeln der Riesenseerose Sauerstoff. Sie hat ein ungewöhnliches, von Temperaturunterschieden gesteuertes und mit Druck funktionierendes Belüftungssystem ausgebildet, bei dem Luft durch die Blattstängel bis in die Wurzeln gepumpt wird, die sich 6 m unter der Wasseroberfläche befinden können.

Im 19. Jahrhundert wetteiferte man darin, Seerosen zu pflanzen und zu präsentieren, was zum Bau von immer mehr kohlebeheizten Gewächshäusern und sogar dazu führte, dass die Struktur ihrer Blätter bisweilen zu deren Architektur inspirierte. So lag die Amazonas-Seerose der Gestaltung des Kristallpalasts zugrunde, des für die Weltausstellung in London 1851 errichteten monumentalen Baus aus Glas und Gusseisen. Als man Seerosen so weit hatte, dass sie in England in botanischen Gärten blühten, zogen sie Besuchermassen an. Manchmal spielten Militärkapellen auf, und zur Veranschaulichung der Tragfähigkeit der Blätter setzte man gern ein Kind darauf – ein mancherorts noch immer anzutreffendes eindrucksvolles, aber etwas abgegriffenes Ritual.

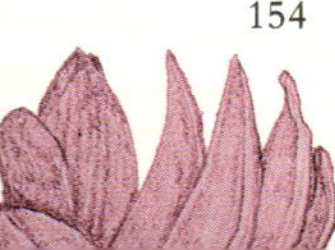

BRASILIEN

Zuckerrohr

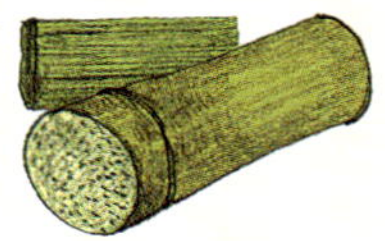

Saccharum officinarum

Eine relativ seltene Art der Fotosynthese, „C 4“, ermöglicht ca. 3 % aller Pflanzen (überwiegend tropische Gräser) eine supereffiziente Nutzung des Sonnenlichts in heißen Klimata. Eines dieser Gräser ist das Zuckerrohr, dessen Horste geschmeidiger Halme so dick wie ein schlankes Handgelenk und bis zu 5 m hoch sind und oben ein Büschel kleiner Blüten haben.

Zuckerrohr wandelt Sonnenlicht in chemische Energie um und speichert und transportiert diese als Saccharose (der uns bekannte Haushaltszucker) in der beziehungsweise durch die Pflanze. Jährlich werden weltweit gigantische 2 Milliarden t Zuckerrohr gezogen – mehr als von jeder anderen Nutzpflanze –, etwa 40 % davon in Brasilien. Ein Teil der Saccharose wird zu Alkohol (Bioethanol) für Kraftstoff vergoren, der Großteil aber für den menschlichen Konsum raffiniert. Das Rohr wird zwischen Walzen zerdrückt und der Saft eingedampft, was weiße Kristalle ergibt – die vertraute Süße. Übrig bleibt die geschmacksintensive Melasse, der schwarze Sirup, aus dem Rum oder, mit reinem Zucker vermischt, diverse weiche, ergiebige und viel schmackhaftere braune Zucker gemacht werden.

Die Vorläufer des Zuckerrohrs entwickelten sich im heutigen Papua-Neuguinea und wurden von Menschen wiederholt und so sehr nach Kaubarkeit, Ertrag und Süße selektiert, dass die Art heute nur noch als Nutzpflanze existiert. In römischer Zeit brachten arabische Händler Zucker auf dem Landweg von Indien in den Mittelmeerraum; er blieb rar und teuer, bis die Produktion im 18. Jahrhundert explodierte. Auf den riesigen Plantagen der europäischen Kolonien in der Karibik bürdete man das extrem anstrengende Pflanzen, Ernten und Raffinieren versklavten Arbeitern auf, was die Zuckerpreise stark fallen ließ. Um 1850 war Zucker in Großbritannien sogar für die Arbeiterklasse erschwinglich.

Unsere sammelnden und jagenden Vorfahren waren mehr und mehr auf Süße aus, eine Geschmacksrichtung, die auf energiereiche Nahrung hindeutet. Reine Saccharose liefert aber weit mehr Kalorien, als für unsere Ernährung gut ist, und wird allzu gern Lebensmitteln und Getränken als billiges Mittel zur Erhöhung ihrer Attraktivität beigemischt. Chronischer übermäßiger Zuckerkonsum führt oft zu Fettleibigkeit und Diabetes – ein soziales Problem, das nur noch wenig gemein hat mit dem genießerischen Herumkauen auf einem Stück Zuckerrohr oder der harmlosen Erfrischung eines frischen Safts aus einer lustigen, abenteuerlichen Maschine auf den Straßen tropischer Städte.

MEXIKO

Blaue Agave

Agave tequilana

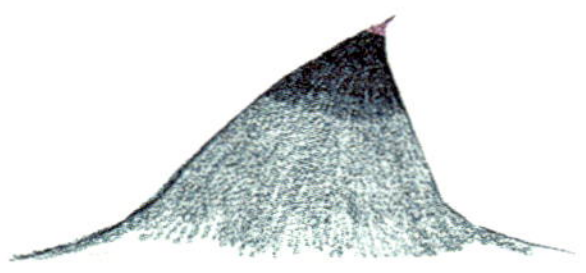

Als eine von über 500 Agavenarten in den trockeneren Teilen der südlichen USA und Mittelamerikas gedeiht die Blaue Agave in den sonnigen Hügeln um die Stadt Tequila in Jalisco, einem Bundesstaat im westlichen Mexiko. Aus einem kurzen mittigen Stamm erhebt sich fast auf Bodenhöhe eine Rosette mannshoher, fleischiger Blätter, denen eine wachsartige, wasserspeichernde Oberfläche ihren typischen blaugrünen Glanz verleiht. Agaven sind extrem stark bewehrt. Ihre dicht mit ungenießbaren Fasern besetzten Blätter haben üble Widerhaken und einen so scharfen Enddorn, dass man ihn einst zum Nähen verwendete. Als eindrucksvolles Beispiel für Pflanzenmimikry weisen die Blätter einiger Arten auf ihren flachen Teilen ein Trompe-l'Œil-Muster aus Stacheln auf, das Pflanzenfresser endgültig abschrecken dürfte.

Agaven sind dafür bekannt, dass sie erst nach Jahrzehnten blühen – manche werden „Jahrhundertpflanzen" genannt –, aber wenn, dann sind ihre Blüten spektakulär. Die Blütenrispen der Blauen Agave schießen bis zu 6 m empor, und ihre Blütenbüschel locken mit ihrer gelbgrünen Farbe und ihrem üppigen Nektar Langnasenfledermäuse an. Die Pflanze blüht einmal, produziert ihre unauffälligen mattgrünen, limettengroßen Früchte und geht ein. Als Nutzpflanze lässt man sie aber kaum einmal blühen; man baut sie einzig ihres Safts und ihres fleischigen Inneren („Herz") wegen an. Heute vermehren die Bauern Agaven vegetativ, entweder mittels Ablegern oder diverser kleiner Klone, die aus unbefruchteten Blüten sprießen oder in Nähe der Wurzeln erscheinen. Das ist eine einfache Methode, die Agaven aber genetisch gleichförmig und krankheitsanfällig gemacht hat. Und wenn man sie nicht blühen lässt, werden natürlich die Fledermäuse nicht satt. Kürzlich bestärkte eine Kampagne engagierte Bauern darin, einen Teil ihrer Pflanzen blühen und Samen produzieren zu lassen mit der Folge, dass sie wertvolle Diversität entwickeln und die Fledermauspopulationen sich erholen können.

Aus Agavensaft wird der leckere Pulque hergestellt. Kurz vor dem Blühen legen die Pflanzen sich mächtig ins Zeug und produzieren in Nähe des Stammansatzes große Mengen eines süßen Safts. In einer Aktion mit der beängstigenden Bezeichnung „Kastration" wird die Knospe herausgeschnitten und die üppig in den Hohlraum quellende Flüssigkeit zweimal täglich abgesaugt, traditionell mit einem *acocote* genannten Sauggerät, das aus einer langen, dünnen Kalebasse hergestellt und mit dem Mund bedient wird. In einer sechsmonatigen Saison bringt eine einzige Pflanze unter Umständen 1,5 t von dem leckeren *aguamiel* („Honigwasser") hervor. Das erklärt, warum Mayahuel, die aztekische Göttin der Agave, mit 400 Brüsten

dargestellt wird, aus denen *aguamiel* rinnt, wobei frühe Darstellungen nicht ganz eindeutig sind. An jeder saugte ein Kaninchen, lauter Gottheiten der Trunkenheit und der Fruchtbarkeit.

Aus dem frischen *aguamiel*, der durchsichtig und grünlich ist, kann Sirup gekocht werden. Ansonsten wird er mittels natürlicher Hefen und Bakterien und oft unter Zusatz einer Starterkultur zu Pulque fermentiert. Cremeweiß, schaumig und für Neulinge befremdlich dickflüssig, schmeckt er hefig und buttermilchsauer und ist erfrischend perlig. Die Azteken genossen das Getränk mit dem Alkoholgehalt eines schwachen Biers einst bei religiösen Zeremonien und Genesende in kleinen Mengen als kräftigenden Nahrungszusatz. Nach der spanischen Eroberung wurde öffentliche Trunkenheit kulturell akzeptabel und Pulque zum Alltagsrauschmittel. Pulque-Verkaufsstände und -karren florierten, und um 1900 gab es allein in Mexiko-Stadt an die 1000 üppig ausgestattete Pulque-Bars oder *pulquerias*. Ihr Ruf als Orte der Kleinkriminalität, Faustkämpfe, Prostitution und natürlich Trunkenheit – die üblichen Aktivitäten, wenn Männer und Alkohol zusammenkommen und weder Frauen noch das Gesetz einschreiten – bewirkte, dass mehrere Regierungen nacheinander *pulquerias* als Ursache von Degeneration ansahen, die den gesellschaftlichen Fortschritt behinderte. Strenge Vorschriften und die zunehmende Beliebtheit von Bier führten zu ihrem Niedergang, bis sie in den 1950ern ganz verschwanden. Derzeit erlebt Pulque ein Comeback und wird in Lokalen mit lebendiger Kaffeehausatmosphäre konsumiert. Diese ebenfalls überladenen, heute aber für junge, gemischte Gruppen attraktiven Cafés servieren neben dem traditionellen weißen *pulque blanco* für Kenner auch den mit Obst, Hafermehl oder Agavensirup gesüßten *pulque curado*. Da Pulque aber weder haltbar noch gut beförderbar ist, verbindet man die Agave außerhalb von Mexiko eher mit einem langlebigeren, stärkeren Getränk: Meskal.

Meskal und seine noblere Spielart Tequila werden nicht aus dem Saft, sondern den fleischigen, süßen Herzen der Agave hergestellt. Im Alter von acht bis zwölf Jahren werden die Blätter abgehackt, und zurück bleibt etwas, das wie eine überdimensionierte Ananas aussieht und unter Umständen so viel wie ein extrem schwerer Koffer wiegt. Diese Herzen werden schonend im Dampftopf gekocht, dann zerstampft, aufwendig vergoren und destilliert.

Tequila ist eine spezielle Art Meskal, die nur in Jalisco und nur aus der Blauen Agave hergestellt wird. Auf manchen Tequilaflaschen findet sich die beruhigende Versicherung, dass er „fledermausfreundlich“ produziert worden sei, aber die Vorschriften verlangen, dass eine solch edle Spirituose auf keinen Fall Raupen enthalten darf, die, meist als Gag für Ausländer, gelegentlich als unfeine Zutat in billigeren Meskal gegeben werden. Ein Glas Tequila zu kippen bringen selbst Hartgesottene kaum fertig. Ein sorgfältig gemachter, alter Tequila will genippt und genossen werden – immerhin hat eine Blaue Agave dafür ihr Leben gelassen.

MEXIKO

Schildkrötenpflanze*

Dioscorea mexicana

Yamswurzelgewächse (*Dioscoreaceae*) sind Kletterpflanzen, in der Regel in den Tropen, und für ihre Wurzelknollen berühmt – verdickte, stärkereiche Rhizome, die Nährstoffe und Wasser speichern. Viele Arten sind giftig oder ungenießbar, von den weltweit Hunderten werden einige aber seit Jahrtausenden gezüchtet, angebaut und gegessen. Ihre Knollen können das Gewicht einer großen Kartoffel haben und sind in Zentral- und Südafrika ein Grundnahrungsmittel und mit der regionalen Kultur verwoben. Das nigerianische Igbo-Volk und seine Diaspora zum Beispiel begehen bei ihrem jährlichen Iwa-ji-Fest (Yamswurzelfest) die neue Ernte, und in vielen Gemeinden existieren abergläubische Yamswurzelvorstellungen und -tabus, die vielfach in Geschichten eingeflossen sind, die vom Verzehr gefährlicher Arten abhalten sollen.

Die Schildkrötenpflanze in den feuchten Wäldern Südostmexikos ist mit Rispen zarter, grüner oder blassrosa Blüten mit dunkelroter Mitte geschmückt. Die üppigen männlichen und unauffälligeren weiblichen Blüten wachsen an verschiedenen Pflanzen; in den weiblichen entstehen dunkle, dreikantige Kapselfrüchte, die sich flach zusammenfalten, sobald ihr Inhalt verstreut ist. Ihre ungenießbare Knolle hat eine korkige, schildkrötenpanzerähnliche äußere Schicht und tiefe, vieleckige Furchen und wird Caudex genannt – ein teils unterirdisches, gewölbtes, unter Umständen busreifengroßes Gebilde. Abgesehen davon, dass die Pflanze der ganze Stolz von Yamswurzelsammlern und in botanischen Gärten eine exotische Kuriosität ist, liegt ihre Bedeutung vor allem in einer in ihrem Caudex enthaltenen Substanz namens Diosgenin. Für die Pflanze ist Diosgenin Bestandteil ihrer natürlichen Abwehr, für uns hingegen ein wichtiger Ausgangsstoff für die künstliche Herstellung von Steroiden, die tiefgreifend auf den menschlichen Körper einwirken. Dazu gehören Arzneien gegen Asthma, rheumatische Arthritis und diverse andere Autoimmunkrankheiten sowie Sexualhormone wie Progesteron und Testosteron.

Der Einsatz von Steroiden weitete sich in den 1940er Jahren aus, aber die aus Tieren und sogar Menschen gewonnenen Arzneien waren extrem teuer. Einst brauchte es 40 Rinder, um einen einzigen Patienten einen Tag lang mit Kortison zu behandeln. Und Sexualhormone zur Linderung verschiedener Menstruationsprobleme wurden aus dem Urin schwangerer Frauen oder Stuten gewonnen – mit einer teuren, unschönen Methode, die die Frage aufwirft, wie genau man weiblichen Pferden Urin abzapft. Die Pharmaindustrie suchte daher verzweifelt nach einer anderen Steroidquelle.

*Yamswurzel ist nicht zu verwechseln mit der Süßkartoffel (*Ipomea batata*), die ihr optisch und geschmacklich ähnelt.

In den frühen 1940er Jahren wurde Diosgenin erstmals aus der Schildkrötenpflanze isoliert und kurz danach aus der eng mit ihr verwandten, ertragreicheren Art *Dioscorea composita*. Mitte der 1940er synthetisierten Chemiker Steroide aus Yamswurzel: erst Progesteron, dann Testosteron und schließlich 1951 in Mexiko-Stadt Cortison, ein lebensveränderndes, entzündungshemmendes Steroidpräparat. Im selben Jahr hieß es im US-Magazin *Fortune* herablassend, „die Urwaldwurzel-Chemieindustrie“ sei vermutlich „der größte technologische Boom, von dem man südlich der Grenze je gehört hat“.

Den allergrößten Boom brachte jedoch der Einsatz von Progesteron und anderen auf Yamswurzel beruhenden Hormonen ein, die dem weiblichen Körper vorgaukeln, schwanger zu sein, und so den Eisprung verhindern. Die Antibabypille war erfunden und löste sofort eine Revolution aus; sie veränderte die Einstellung zu außerehelichem Sex, schuf eine permissivere Gesellschaft und ermöglichte Frauen eine längere Ausbildung und die Berufstätigkeit. Als die ersten Pillen Anfang der 1960er Jahre auf den Markt kamen, schoss die Nachfrage der Pharmafirmen nach Hormonen weltweit in die Höhe. Aufgrund seiner Erfahrungen mit der Hormonindustrie, aber auch weil es über Yamswurzeln verfügte, hatte Mexiko ein Monopol inne. Zehntausende *campesinos* (Bauern) stockten ihr mageres Einkommen auf, indem sie die Wälder nach den gewünschten Arten durchkämmten. Eine heikle Aufgabe, denn die Blätter vieler Yamswurzelarten ähneln einander sehr, und dazu eine mühselige, musste man die Wurzeln doch mit der Hand ausgraben und durch Gestrüpp schleppen, bevor man sie an einen Zwischenhändler verkaufte. Infolge innenpolitischer Maßnahmen und ausländischer Konkurrenz verlor Mexiko in den späten 1960ern seine Vorrangstellung, aber Yamswurzel ist – nun als Nutzpflanze – noch immer eine Rohstoffquelle für Steroidpräparate und empfängnisverhütende Pillen.

Während einige Yamswurzelarten als Grundnahrungsmittel Leben erhalten, sind andere also die Basis von Pillen, die seine Entstehung verhindern. So oder so passt es, dass eine Pflanze mit herzförmigen Blättern eine derart weitreichende Bedeutung für Wohlergehen und Liebesleben von Millionen Menschen hat.

MEXIKO

Feigenkaktus

Opuntia ficus-indica

In Mexiko eine heiß geliebte heimische Pflanze, ist der Feigenkaktus sonst fast überall ein Problem. Er wird bis 3 m hoch, wächst oft in struppigen, undurchdringlichen Dickichten und ist gut an ein Leben in Trockenheit angepasst. Seine ovalen, tellergroßen „Glieder“ sind keine Blätter, sondern abgeflachte, wasserspeichernde Triebabschnitte; seine Blätter sind zu üblen, Pflanzenfresser fernhaltenden Dornen geworden. Die wachsartige Oberfläche der Triebe verringert die Verdunstung und verleiht diesen Kakteen ihre mattgraugrüne Farbe. Aus jungen, von ihren scharfen Dornen befreiten, gehackten und gekochten Trieben wird *nopalitos* gemacht, eine zähe, etwas herbe mexikanische Beilage. Kakteen essen: eine echte Heldentat!

Bei den Azteken war der Feigenkaktus (Teonochtli) das Zeichen der Sonnengöttin, und seine Blüten sind tatsächlich herrliche gelb-orange Eruptionen. Die reifen Früchte haben eine schöne matte Schale in warmem Apricot bis Lila und sind bewehrt mit Büscheln von Glochidien, feinen Dornen mit Widerhaken, die sich nur allzu leicht in menschliche Haut graben und fürchterlich jucken. Ihr Fleisch ist blassgolden oder weinrot, saftig und verlockend. Es schmeckt nach Melone und überraschend süß, aber nicht sonderlich erfrischend, weil ihm eine ausgleichende säuerliche Note abgeht.

Obwohl die Früchte und Triebe also zwar genießbar, ehrlich gesagt aber nichts richtig Besonderes sind, ist der Feigenkaktus für Mexiko von so großer kultureller Bedeutung, dass er im Zentrum seiner Flagge prangt. Dafür ist eine kleine, saftsaugende Schildlaus verantwortlich, die Cochenillelaus (*Dactylopius coccus*), die fast ausschließlich von Feigenkaktustrieben lebt. Der Saft, den sie trinkt, ist farblos, doch sie produziert und speichert in ihrem kleinen Körper eine grellrote Substanz namens Karminsäure, die sie vor Ameisen, Vögeln und Mäusen schützt.

Vor 2000 oder mehr Jahren färbten die Menschen in Mittelamerika ihre Textilien mit Cochenille. Um die ergiebigsten und lebhaftesten Farben zu erhalten, züchteten die Azteken penibel die Insekten wie die Kakteen und begründeten ein Anbausystem, das in Mexiko und Peru bis heute existiert: Kolonien weiblicher Tiere werden systematisch auf die Triebe verteilt, mit einer Bürste abgesammelt (sie sondern einen wachsähnlichen weißen Puder ab, der sie vorm Austrocknen bewahrt und leicht auffindbar macht), getrocknet und gemahlen. Für 1 kg pulverisierte Cochenille benötigt man über 130 000 Tiere.

Als im 16. Jahrhundert die spanischen Eroberer kamen, staunten sie über die grellen, farbechten Textilien; in Europa waren rote Farbstoffe matter, furchtbar teuer und schwer zu verarbeiten. Kein Wunder, dass Cochenille der nach Silber und Gold einträglichste Exportartikel wurde. Karminrot wurde zur Farbe der

Könige und des Luxus, und in der Renaissance stand ein karminroter Turban oder Mantel für gesellschaftlichen Erfolg. Oliver Cromwell wählte es als Farbe der englischen Armeeuniformen, und im frühen 19. Jahrhundert wurden so die Streifen des originalen Sternenbanners eingefärbt, das zur amerikanischen Nationalhymne inspiriert hat. 1860 verlieh Gaspare Campari dem von ihm erfundenen Getränk mit Cochenille seine charakteristische Farbe.

Durch verbissene Verteidigung seines Monopols gelang es Spanien, die Quelle der Farbe 200 Jahre lang geheim zu halten. Als das Geheimnis gelüftet war, versuchten die europäischen Mächte, es der mexikanischen Produktion in ihren jeweiligen Kolonien nachzutun. Die Kakteen und die Insekten wurden in alle Welt geschmuggelt und verpflanzt, mit begrenztem Erfolg und desaströsen ökologischen Folgen. So führte zum Beispiel der Gouverneur von New South Wales 1788 Feigenkaktus und Cochenillelaus in Australien ein, einem Land mit riesigen, für Kakteen bestens geeigneten Wüstengebieten. Was hätte da schon schiefgehen sollen?

Die wählerischen, gezielt mit Blick auf die mexikanischen Umweltbedingungen gezüchteten Insekten kamen in ihrer neuen Heimat nicht zurecht. Der Kaktus wiederum, den kein Tier dezimierte, breitete sich wie verrückt aus. 1925 bedeckte er bereits 260 000 km^2 wertvolles Weideland. Man rückte ihm mit verschiedenen Mitteln zu Leibe – Abhauen, Verbrennen, Aufbringen Tausender Tonnen scheußlicher Arsenverbindungen –, aber nichts konnte ihn stoppen. Schließlich führte man eine enge Verwandte der Cochenillelaus ein. Diese biologische Methode der Eindämmung war vielversprechend, und Ende der 1920er Jahre startete eine groß angelegte nationale Kampagne in Form von 3 Milliarden Eiern einer robusten mexikanischen Motte mit dem verheißungsvollen Namen *Cactoblastis cactorum*, deren orange-schwarz gestreifte Raupen den Feigenkaktus schätzen gelernt hatten. Die Cactoblastis Memorial Hall in der Kleinstadt Boonarga in Queensland erinnert an die große Dankbarkeit und Erleichterung der Bevölkerung, aber auch an die Risiken der Einführung fremder Arten. Leider ist der Feigenkaktus in vielen Ländern eine zerstörerische invasive Art, und die Kaktusmotte, die nach Australien eingeführt wurde und dort so große Wirkung hatte, bedroht inzwischen andere Kakteenarten in anderen Teilen der Welt.

Um 1900 traten synthetische Textilfarben an die Stelle der Cochenille, die in der Lebensmittel- und Kosmetikproduktion aber zum Teil noch weiter verwendet wird, weil künstliche Zusatzstoffe als gesundheitlich bedenklich gelten. Der Farbstoff findet sich, oft unter der Bezeichnung Karmin, in Süßigkeiten, Erfrischungsgetränken und besonders in der intensiven, verführerischen Farbe roter Lippenstifte – eine strahlende Erinnerung an die Göttin der Sonne.

COSTA RICA

Ananas

Ananas comosus

Gezüchtet und angepflanzt wird die Ananas zwar seit Jahrtausenden in ganz Mittelamerika und der Karibik, doch sie stammt wahrscheinlich aus dem relativ trockenen Tiefland Zentralbrasiliens. Das erklärt, warum sie, die doch so saftige Früchte hat, Dürre toleriert und die gleiche Art Fotosynthese betreibt wie Kakteen (s. Riesenkaktus, S. 180). Den besten Geschmack und Ertrag erzielt sie in den sonnigen Tropen, wo die Tage gleich lang sind; der wichtigste Produzent ist Costa Rica.

Ananaspflanzen werden etwa hüfthoch und haben zähe, scharf gezähnte Blätter. Die Blüten sind faszinierende Büschel von 100 oder mehr Blütchen, je mit drei langen, lila und scharlachroten, zu Röhren gerollten und sich überlappenden Kronblättern. In freier Natur werden sie von Kolibris bestäubt, auf den Plantagen meiden die Bauern die Bestäubung wegen der entstehenden harten Samen und klonen die Feldfrucht mithilfe anderer Teile der Pflanze. Nach der Blüte verschmelzen die einzelnen Beeren zu einem Beerenfruchtverband: der Ananas, die wir essen.

Als Christoph Kolumbus 1496 mit einer Ananas, die die Reise wundersamerweise überlebt hatte, aus der Karibik nach Europa zurückkehrte, war das eine Sensation. Die Frucht der Könige, exotisch, sagenhaft schwer zu bekommen und unbelastet von quälenden biblischen Assoziationen, symbolisierte bald Vornehmheit, Reichtum und makellosen Geschmack.

Eine besondere Vorliebe empfanden die Briten für sie, vielleicht weil man sie mit bestimmten Gesellschaftsschichten verband. Um 1750 gelang es Aristokraten mit einem Haufen Geld für Gärtner, Kohle und Gewächshäuser, ein paar Ananaspflanzen zum Blühen zu bringen. Die Früchte wurden, da viel zu kostbar zum Essen, auf Dinnertafeln präsentiert, aber auch an andere verliehen, die ihrerseits Gäste damit beeindruckten oder sie lustigerweise als Statussymbol zu Abendgesellschaften mitnahmen. Im Englischen assoziierte man sogar ihren Namen, *pineapple*, mit Vortrefflichkeit. So bezeichnete der Tagebuchschreiber James Boswell in den 1770er Jahren einen Brief, den er während seiner Reise zu den schottischen Hebriden empfangen hatte, als „ein ebenso angenehmes Geschenk …, als eine Ananas in einer Wüsteney sein würde“, und der Stückeschreiber Richard Brinsley Sheridan beschrieb eine seiner Figuren als „eine wahre Ananas an Höflichkeit“. Die Frucht inspirierte zu edler Wedgwoodkeramik, diversem architektonischem Dekor und, wenn Eitelkeit und Reichtum zusammenkamen, gelegentlich sogar ganzen Gebäuden.

Im frühen 19. Jahrhundert kamen spezielle Treibhäuser mit „Ananasgruben“ auf, und obwohl auch der süßsaure Geschmack der Frucht immer bekannter

wurde, hielt die Manie an. 60 Jahre vor Beginn ihrer Einfuhr aus den Kolonien, die ihrem hohen Status ein Ende setzte, schrieb der englische Essayist Charles Lamb erregt: „Die Ananas … raubt dem Sterblichen den Atem, versehrt die Lippen, die ihr nahekommen, und macht sie wund – wie die Küsse Liebender beißt sie – sie ist eine Lust, die an Schmerz grenzt, so wild und wahnsinnig ist ihr Genuss.“ Eine Ansicht, die vielleicht genauso viel über ihn wie über die Ananas aussagt.

BARBADOS

Pfauenstrauch

Caesalpinia pulcherrima

Der Pfauenstrauch, ein pflegeleichter Zierstrauch oder kleiner Baum, entwickelte sich wahrscheinlich in Mittelamerika oder der Karibik, wurde aber in so weite Teile der Tropen gebracht, dass seine ursprüngliche Verbreitung unklar ist. Den Namen Pfauenstrauch haben ihm offenbar Leute verpasst, die nie einen Pfau zu Gesicht bekommen hatten: Seine Blüten sind zwar pompös, haben aber lebhafte Gelb-, Orange- und Rottöne.

Der Pfauenstrauch hat sich koevolutionär mit den Ritterfaltern entwickelt – Schmetterlingen, die auf seine warmen Farben reagieren und, unbeirrt durch andere Pflanzenarten, von einer Pflanze zur nächsten gaukeln. An ihren Flügeln sammeln sich Klumpen von Pollen an, der dank hauchdünner Fäden aus Viscin aneinanderhaftet, einer klebrigen Substanz, die die Körner zusammenhält. Das ermöglicht eine schnelle Übergabe, wenn die Falter sich auf der nächsten Pflanze niederlassen.

Als Gegenleistung für ihre treuen Bestäubungsdienste versorgt der Pfauenstrauch die Ritterfalter mit einem speziell auf ihre Bedürfnisse abgestimmten Nektar aus Zuckern und Aminosäuren. Die Blüten verfügen auch über diverse Strategien, um ihren wichtigsten Konkurrenten abzuschrecken: den nimmersatten Kolibri, dem ebenfalls an dem nahrhaften süßen Trank liegt. Den meisten Nektar produzieren sie, wenn die Schmetterlinge nach Nahrung suchen; sind hingegen die Kolibris besonders aktiv, versiegt er. Das fünfte Kronblatt, das viel kleiner ist als die anderen, sieht wie eine gelbe Zielscheibe vor rotem Hintergrund aus – allemal eine Verlockung für Schmetterlinge, weniger aber für Vögel; außerdem ist die rote Nektarröhre am Ansatz des Kronblatts zu eng für die Zunge eines Kolibris.

Bei aller Pracht haftet dem Pfauenstrauch auch Trauriges an. Seine Samen enthalten Gifte, mit denen in seinen Habitaten ansässige Stammesgruppen Abtreibungen eingeleitet haben. Zur Zeit der Sklaverei trieben Frauen, die Kinder produzieren sollten, um den Reichtum der Plantagen zu mehren, mit diesen Samen Föten ab und ersparten ihnen so ein erniedrigendes Leben der Erschöpfung und Brutalität.

Als Meghan Markle 2018 Prinz Harry heiratete, trug sie einen aufsehenerregenden, mit typischen Pflanzen jeder Nation des britischen Commonwealth bestickten Schleier. Für Barbados stand der Pfauenstrauch, eine schmerzliche Erinnerung an den Sklavenhandel – und die Vorfahren der Herzogin von Sussex.

U S A

Gewöhnlicher Hanf

Cannabis sativa

Hanf wird oft und ganz passend einfach „Gras“ genannt. Leicht an seinen „Händen“ gesägter Blätter erkennbar, einem verbreiteten Symbol der Alternativkultur, ist er hinsichtlich seines Habitats unkonventionell und unkompliziert und wird leicht mannshoch. Seine blassgrünen Blüten mögen unscheinbar sein, doch winzige, von Drüsenhaaren (Trichome) abgesonderte Harztröpfchen verleihen den Knospen (besonders der weiblichen Pflanzen) tauigen Glanz. Sie enthalten duftende Substanzen, die Insekten fernhalten und die Pflanze gegen Infektionen schützen, und die Moleküle einiger von ihnen docken säuberlich an Rezeptoren im menschlichen Gehirn und Körper an, die bei der Regulierung von Schmerz und Stimmung, Gedächtnis, Schlaf und Appetit eine Rolle spielen. Zu den Cannabiswirkstoffen gehören Tetrahydrocannabinol (THC), das psychoaktiv ist, und Cannabidiol (CBD), das es nicht ist, von dem man sich aber verspricht, Leiden wie chronische Schmerzen, durch Chemotherapie verursachte Übelkeit und manche Formen der Epilepsie behandeln zu können.

Von dem aus Zentralasien stammenden und weltweit verbreiteten Hanf wurden gezielt Sorten für bestimmte lokale Erfordernisse gezüchtet. In Europa und Nordamerika geht es dabei spätestens seit den 1960er Jahren um seine Nutzung als Freizeitdroge. Manche Sorten wurden so erfolgreich gezüchtet, beziehungsweise neuerdings manipuliert, dass sie zehnmal so viel THC enthalten wie die zur Hochzeit der Hippies, sodass chronischer Konsum zunehmend mit Psychosen einhergeht. Einst wurde Hanf vor allem seiner Fasern wegen gepflanzt. Um 2800 v. Chr. baute man ihn in China als Textilrohstoff an; bei den Römern war er eine Alltagsware; und die Sehnen der Langbogen, der verbreitetsten Kriegswaffe des Mittelalters, waren Schnüre aus geflochtenem Hanf. Mit Hanfseilen festgezurrte Segel aus Canvas (eine Abwandlung von „Cannabis“), robuster und noch wasser- und salzbeständiger als solche aus Flachs (s. S. 36), trieben die Flotten des Empire an. Hanf war von so großer strategischer Bedeutung, dass die englischen Könige Heinrich VIII. und Elisabeth I. im 16. Jahrhundert Landbesitzern befahlen, ihn anzubauen – eine Maßnahme, die die amerikanischen Kolonien Massachusetts und Connecticut in den 1630er Jahren übernahmen. Aus Hanffaser entstand auch ausgezeichnetes Papier; so wurden Bibeln, Geldscheine und sogar die ersten Entwürfe der amerikanischen Unabhängigkeitserklärung auf Hanf gedruckt.

Im Mittleren und Nahen Osten überwog traditionell der Rauschaspekt. Um 500 v. Chr. hatte sich beim Nomadenvolk der Skythen am Schwarzen Meer die Sitte etabliert, in Einmannzelten aus Schafleder den wärmenden Rauch von

Cannabis auf glühender Asche zu genießen. Etwa zur selben Zeit verwendeten Hindus in Indien Cannabis, um Kontemplation und Erleuchtung zu erlangen. Der faszinierende Brauch, Haschisch (oft in genormten Blöcken verkauftes Cannabisharz) zu rauchen, breitete sich in der ganzen arabischen Welt und seit der Heimkehr der napoleonischen Truppen aus Ägypten Ende des 18. Jahrhunderts auch in Europa aus.

In den 1840er Jahren gründete eine Gruppe Pariser Bohemiens, darunter die Schriftsteller Victor Hugo, Alexandre Dumas, Honoré de Balzac und Charles Baudelaire (der auch Absinth mochte, s. S. 25), den Club des Hachichins. Man aß gemeinsam Dawamesk, einen süßen Brei aus Pistazien, Orangensaft, Gewürzen und harzreichen Cannabisblüten. In den 1880er Jahren überboten sich die Haschischsalons vieler europäischer und amerikanischer Städte – allein in New York gab es Hunderte – an Realitätsflucht und Heimlichtuerei. Hinter unauffälligen Fassaden verbargen sich unter Umständen opulente, mit Kerzen beleuchtete Höhlen voll exotischer Schnitzereien, dicker Perserteppiche und luxuriöser Diwane. Die Kunden trugen bestickte Morgenmäntel, Rauchkäppchen mit Quasten und weiche türkische Pantoffeln.

Obwohl Cannabis seit der Antike als Rheumatismus- und Schmerzmittel verwendet wird, verbot die US-Regierung es in den 1930er Jahren, vor allem auf Druck von Lobbyisten der synthetischen Textil- und der Holzindustrie. Deren Motiv waren, anders als behauptet, nicht etwa altruistische gesundheitliche Bedenken, für die es keine guten Belege gab, sondern die Bedrohung ihrer Unternehmen durch die Hanffaser. Tatsächlich wäre es reichlich schwierig, mithilfe der Hanfsorten high zu werden, die zur Gewinnung der Hanffaser verwendet werden. Fast 100 Jahre danach rehabilitiert Cannabis sich in manchen Ländern, und sein feuchter Rauch, dessen süßsaurer Duft an versengtes Gummi erinnert, ist alltäglich geworden. Vielleicht kehren irgendwann auch die Salons zurück.

Neukaledonische Araukarie oder Säulen-Araukarie

Araucaria columnaris

In den 1770er Jahren auf Kapitän Cooks Forschungsreise klassifiziert, stammt diese Araukarie, wie einer ihrer deutschen Namen sagt, von den Inseln Neukaledoniens im Südpazifik, wird seither aber viel in sonnigen, gemäßigten Gegenden gepflanzt und ist anscheinend besonders beliebt auf kalifornischen Universitätsgeländen. Sie ist eng verwandt mit der Andentanne (*Araucaria araucana*) in Chile (und allzu vielen Vorstadtgärten), aber weniger stark bewehrt und eleganter. Die hübsch verschlungenen, an geflochtene Bänder erinnernden kurzen Äste des hohen, schlanken Baums laden zum Streicheln ein. An den Astspitzen der männlichen Bäume sitzen hübsche, pollentragende Blütenzapfen, die wie kleine Fuchsschwänze aussehen. Die weiblichen Samenzapfen sind groß und geschuppt.

Die Säulen-Araukarie hat ein mysteriöses Merkmal. In Kalifornien weisen die meisten Exemplare eine grob gesagt südliche, recht extreme, durchschnittlich etwa doppelt so große Neigung wie der Schiefe Turm von Pisa auf. Die in Hawaii stehen fast senkrecht, die in Australien wiederum anscheinend schräg Richtung Norden. Erstaunlicherweise zeigen die meisten Exemplare der Art eine Neigung zum Äquator, und zwar umso mehr, je weiter nördlich beziehungsweise südlich sie stehen. Sie ist weltweit die einzige Art, bei der dieses Phänomen beobachtet wurde.

Bäume haben einen senkrechten Wuchs ausgebildet, weil sie sich so weniger leicht selbst aushebeln und umkippen. Wir erwarten, dass ein Baum umso strammer aufrecht steht, je größer er ist, aber wo genau oben ist, ist gar nicht so leicht auszumachen. Bäume richten sich in der Regel nach dem Licht aus, aber der hellste Teil des Himmels befindet sich selten direkt über ihnen und wandert je nach Tageszeit, Jahreszeit und dem Schatten, den andere Pflanzen werfen. Deswegen haben Pflanzen einen Mechanismus ausgebildet, mit dem sie die Ausrichtung der Schwerkraft wahrnehmen. Spezielle Zellen enthalten winzige Stärkekörner (Statolithen), die sich in ständiger leichter Rüttelbewegung befinden, sodass sie immer unten landen. Diese Zellen signalisieren der Pflanze die korrekte Senkrechte. Vielleicht arbeiten die Schwerkraftsensoren der Neukaledonischen Araukarien nicht richtig, oder deren Neigung hat ihnen da, wo sie sich entwickelt haben, einen Vorteil verschafft. Niemand weiß es.

Cypripedium parviflorum
Angraecum sesquipedale
Oncidium

USA (UND EINE KURZE WELTREISE)

Kleinblütiger Frauenschuh und andere Orchideen

Cypripedium parviflorum und andere

Orchideen, deren Blüten zu den komplexesten und höchstentwickelten gehören und mit ihren bizarren Formen und Verhaltensweisen Insekten und Menschen anziehen, gibt es in mehr als 28 000 Arten. Wie menschliche Gesichter weisen sie eine ungewöhnliche Bilateralsymmetrie auf – eine Seite ist das Spiegelbild der anderen –, die manche Bestäuber ebenso anlockt wie ihre Flecken, Streifen und punktierten Linien, die Insekten im Flug als Flimmern und Blinken wahrnehmen.

Orchideen haben hoch spezialisierte Beziehungen mit Insekten (und ein paar Vögeln) ausgebildet, die Pollen direkt zu einer anderen Blüte derselben Art tragen, ohne von anderen abgelenkt zu werden. Als Charles Darwin 1862 aus Madagaskar die herrliche, wachsweiße *Angraecum sesquipedale* geschickt bekam, deren Nektar sich am Grund einer engen, unter Umständen über 40 cm langen Röhre befindet, war er überrascht, „dass irgend ein Insekt überhaupt fähig sein soll, den Nectar zu erreichen". Erst nach seinem Tod wurde beobachtet, wie ein riesiger Morgan-Falter ein Pollenpaket aufnahm, während er mit seinem über 22 cm langen Roll-Saugrüssel den Nektar der Blume trank. Bei einer so engen Beziehung könnte sich die Orchidee, wenn das Insekt verschwinden würde, nicht fortpflanzen.

Viele Orchideen legen ein total verlogenes Verhalten an den Tag. Rund ein Drittel der Arten lockt Bestäuber mit dem Versprechen von Nahrung oder Sex an, hält es aber nicht. Ihr Pollen wird ohne Lohn befördert, ein Betrug, der aber nur funktioniert, wenn er so geringfügig ist, dass die Insekten ihn hinnehmen; sonst würden alle Orchideen leiden. Getäuscht werden in der Regel die männlichen Tiere. Der hinreißende, gelbe Kleinblütige Frauenschuh (*Cypripedium parviflorum*) der kühlfeuchten Unterschicht nordamerikanischer Wälder, im 19. Jahrhundert „amerikanischer Baldrian" genannt, wurde als Beruhigungsmittel bei Hysterie und anderen „Frauenleiden" im Übermaß gepflückt. An seinem tiefgelben, orange gefleckten Schuh sitzen spiralig gedrehte, beidseitig tiefmagentabraune Blütenhüllblätter, die wie ein extravaganter Schnäuzer aussehen. Duft und Farbe des Säckchens locken Solitärbienen an, durchsichtige Flecken leiten sie, und sind sie dann mit Pollen beladen, verschwinden sie durch einen Hinterausgang. Die karibische *Coryanthes speciosa* fängt in einem glattwandigen, mit klebriger Flüssigkeit gefüllten Eimerchen Bienen. Der einzige Weg hinaus führt durch eine enge Röhre, in der sie für ca. 30 Minuten festsitzen – lange genug, dass sie Pollensäcke aufnehmen und der Kleber trocknet.

Orchideenpollen ist großenteils nicht pulverförmig, sondern in Pollinien verpackt, hübschen Wachspäckchen, nicht größer als ein Sesamsamen, mit je einer winzigen Klebscheibe. Im warmen Amerika macht sich das anmutige, gelbockerfarbene *Oncidium* aggressives Bienenverhalten zunutze. Männliche Bienen halten die Blüte für Konkurrenten, verpassen ihr einen Kopfstoß, schnappen sich mit millimetergenauer Präzision Pollinien und tragen ihren Lohn mit ähnlicher Akkuratesse zur nächsten Blüte, die sie angreifen. Die langen, schmalen, grüngelben, gefleckten Blütenblätter von *Brassia caudata* in Florida wiederum ähneln Spinnenbeinen und locken daher (ausnahmsweise einmal!) weibliche, Spinnen jagende Wegwespen an, die Pollen an sich nehmen, wenn sie ihre vermeintliche Beute packen.

Wie erwartet lassen männliche Insekten sich leicht von potenziellen Sexualpartnern ablenken. Die australische *Drakaea glyptodon* hat das Aussehen und den Duft weiblicher Wespen, aber versucht ein Männchen, eine zu begatten und mit ihr abzuhauen, überzieht eine Klappvorrichtung es mit Pollen. Und *Ophrys*, die europäischen und nordafrikanischen Bienen-Ragwurze, sind verblüffende Imitatoren; *O. speculum* imitiert die glänzend blauen, winzigen Haare einer Fliege, und bei *O. insectifera* fühlt sich die mikroskopisch feine Oberflächenstruktur sogar echt an.

Das südamerikanische *Catasetum* lockt smaragdgrün schillernde Prachtbienen an; berühren sie eine Art Abzug, erhalten sie mit einem kräftigen Schlag auf den Rücken Pollinien. Als Darwin eine Biene mit einem Walknochensplitter simulierte, landete das Pollinium auf einer ca. 1 m entfernten Fensterscheibe und blieb daran kleben. Nach einem solchen Schlag meidet die Biene männliche Blüten wohlweislich für eine Weile und steuert stattdessen weibliche an, wo die Pollinien – das war ja klar – in einer perfekt platzierten Rille landen. *Rhizantella gardneri*, eine extrem seltene Orchidee im westlichen Australien, wächst und blüht unter der Erde, wo sie sich, statt Fotosynthese zu betreiben, von einem Pilz ernährt. Ihr Duft zieht Ameisen und Käfer an, die sie bestäuben, und ihre Samen werden wahrscheinlich von kleinen Tieren ausgebreitet.

Die Samen der meisten Orchideen sind wie Staub. Sie verteilen sich leicht, haben aber keine Nahrung bei sich und überleben in freier Natur nur dank der Nährstoffe exakt der Art von freundlichem Pilz, ohne die sie nirgendwo existieren können. Nur gut, dass eine einzige fingernagelgroße Fruchtkapsel mehr als 1 Million Samen enthalten kann; die Chance, auf den perfekten Pilzpartner zu stoßen, ist denkbar gering, und so ist die natürliche Keimung von Orchideen außerhalb ihres natürlichen Habitats fast ein Ding der Unmöglichkeit. Bis zur Erfindung der Samenanzucht in Gelatine in den 1890er Jahren musste jede Orchidee mühsam in der Natur gesammelt werden, was zum Aussterben einiger Arten führte, ihren Nimbus aber nur verstärkte.

Orchideen, die Insekten mit ihren Düften und visuellen Signalen so subtil anlocken, fesseln ebenso uns Menschen. Auf die Erkennung von Gesichtern geeicht, finden auch wir ihre Symmetrie merkwürdig anziehend, und ihr Duft und ihre bizarren, so vertrauten weiblichen Formen tragen das Ihre zu ihrer dekadenten, unheilvollen Ausstrahlung bei.

Catasetum osculatum
Coryanthes speciosa
Ophrys speculum
Drakaea glyptodon
Ophrys apifera
Pterostylis sanguinea
Brassia caudata
Ophrys insectifera
Rhizantella gardneri
Dendrophylax lindenii

USA

Riesenkaktus

Carnegiea gigantea

Der Riesenkaktus, ein Ausbund an Haltung und ein verblüffendes Beispiel natürlicher Ingenieurskunst, genießt in der Sonora-Wüste des amerikanischen Südwestens Symbolwert. Mit seinen Dutzenden harter, verholzter Verstärkungsstangen kann er 10 t wiegen und in 200 Jahren bis zu 15 m hoch werden. Bisweilen entwickeln sich die Stämme ohne ersichtlichen Grund kamm- oder haubenförmig und bilden einen grauen, kompliziert gefältelten Fächer aus.

Der Riesenkaktus oder Saguaro ist gut an ein Leben in der Wüste angepasst. Die meisten Pflanzen nehmen tagsüber Kohlendioxid über spezielle Spaltöffnungen (Stomata) auf und tolerieren gleichzeitig den Verlust von Wasserdampf. Kakteen und einige andere an trockenen Orten lebende Pflanzen (zum Beispiel die Ananas, s. S. 168) sparen Wasser, indem sie ihre Spaltöffnungen den heißen Tag über komplett verschließen. In der kühlen Nacht öffnen sie sie und nehmen Kohlendioxid auf, das sie chemisch speichern und am nächsten Tag für die Fotosynthese nutzen.

Während die scharfen Dornen des Kaktus die meisten Pflanzenfresser abschrecken, picken Gilaspechte Nisthöhlen in die Pflanze, die später von anderen Vögeln wie Finken oder Elfenkauzen genutzt werden. Die Pflanze kleidet die Löcher mit hartem Narbengewebe aus; Menschen haben diese natürlichen Becher schon als praktische Gefäße verwendet.

Zu blühen beginnt der Riesenkaktus erst mit rund 70 Jahren. Jedes Jahr im Mai werden seine teetassengroßen, wachsartigen, blendend weißen Blüten tagsüber von Insekten und nachts von Blütenfledermäusen aufgesucht. Die lila Früchte mit ihrem roten Fruchtfleisch und ihren Massen von funkelnd schwarzen Samen werden von vielen Wüstenbewohnern geschätzt. Das Volk der Tohono O'Odham erntet sie mithilfe langer Stangen, macht daraus Sirup und vergärt sie zum sakralen *tiswin*, einem starken Bier, das ein bisschen nach Erdbeere schmeckt.

Laut Experten, die das Alter von Kakteen bestimmen können, keimten viele Saguaros 1884. Im Jahr davor war der indonesische Vulkan Krakatau ausgebrochen, der so viel Feinstaub in die Atmosphäre spie, dass sich das Niederschlagsmuster änderte. Für Saguarosamen war die in der Sonora-Wüste nun vorübergehend herrschende Feuchtigkeit eine ungeahnte Chance. Andere Vulkanausbrüche haben diesen Effekt bestätigt. Unter so kargen Bedingungen kann also selbst eine Explosion auf der anderen Seite der Erde über Leben oder Tod entscheiden.

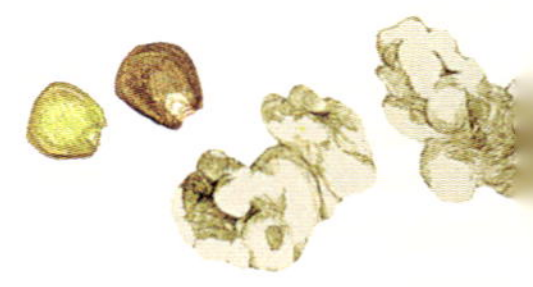

USA

Mais

Zea mays

Mais ist ein stattliches, robustes, oft 3 m (oder mehr) hohes einjähriges Gras. Die männlichen Blüten an der Spitze des Haupttriebs, deren gelbe Staubbeutel an kurzen Fäden baumeln, geben ihren Pollen an den Wind ab. An den weiblichen Blütenständen sitzen Büschel seidig grüner Haare – Hunderte langer Narben, bereit für die Bestäubung mit dem Pollen –, an deren Spitze sich je ein erbsengroßer Same (Korn) entwickelt. Der moderne Mais wurde so gezüchtet, dass er die Körner dicht am Kolben hält, und ist somit eine weitere auf die Vermehrung durch den Menschen angewiesene Getreidepflanze.

Es ist schwer vorstellbar, dass die Teosinten die Vorfahren des Maises sind – muntere kleine Gräser des mittelamerikanischen Hochlands mit einer einfachen, dünnen Ähre mit etwa einem Dutzend harter, dreieckiger Körner. Vor über 9000 Jahren begann man, die Teosinte in Südmexiko zu domestizieren; anfangs selektierte man sie vielleicht wegen des fermentierbaren Zuckers in ihren Halmen, dann mit dem Ziel, mehr und größere Körner mit weicherer Schale zu erhalten. Um 1500 v. Chr. war Mais ein wichtiges Nahrungsmittel und ein zentrales Element der regionalen Kultur. Inka-Paläste wurden mit goldenem und silbernem Maisdekor verziert, und Fruchtbarkeitssymbole der Maya zeigten Mais, der aus den Bäuchen geopferter Menschen spross. Die Körner früher Maissorten ergaben gutes Popcorn; in speziellen Dreibeintöpfen rasch erhitzt, waren sie anscheinend so hart, dass sie den Dampf hielten und platzten. In aztekischer Zeit wurde Popcorn zum Schutz der Fischer rituell aufs Meer gestreut und in Festgirlanden von jungen Frauen zu Ehren von Tlaloc getragen, dem Gott des Regens und der Fruchtbarkeit.

Ende des 15. Jahrhunderts waren bereits mehr als 200 Maissorten gezüchtet und in Amerika verbreitet worden; manche gelangten auf Schiffen der Spanier nach Europa und von dort in alle Welt. In Nordamerika beschleunigte der Anbau von Mais die Besiedlung durch Europäer – er erzielte bei geringem Samengewicht große Erträge und wuchs problemlos auf noch nicht urbar gemachtem Land. Im 19. Jahrhundert brachten Kreuzungen, die auf von amerikanischen Ureinwohnern gezüchteten Sorten beruhten, die Vorläufer der heutigen globalen Milliarden-Tonnen-Supernutzpflanze hervor. Allein die USA pflanzen jährlich 370 000 km^2 Mais, von dem aber weniger als 10 % der für den menschlichen Konsum bestimmte Zuckermais ist; ca. 40 % werden an Vieh verfüttert, und das Gros der restlichen 50 % wird zu Ethanol für Kraftstoff fermentiert oder industriell genutzt, zum Beispiel für die Herstellung des Süßungsmittels Glukose-Fruktose-Sirup.

Die neuesten Maissorten sind extrem ertragreich, aber in Aussehen wie Genetik erschreckend gleichförmig; der Schutz wilder Teosinteverwandter mit Merkmalen wie Resistenz gegen virale Maiskrankheiten oder Insektenbefall ist für die weitere Züchtung unverzichtbar. In Mexiko ist man noch immer stolz auf einen eklatanten Mangel an Gleichförmigkeit, was sich an einer bunten Vielfalt an Maiskolben und -körnern zeigt. Dort gilt auch nicht jede Pilzinfektion als Problem. So werden Maiskörner, die der Maisbeulenbrand mit samtigen, dunkelgrauen Gallen aus vergrößerten Pflanzenzellen und Nährstoffe absorbierenden Myzelen „ausgebeult" hat, als nahrhafte, rauchig-süße Kost geschätzt und zu Suppen und Soßen (*huitlacoche*) verarbeitet.

In vielen Ländern ist ertragreicher, sättigender und pflegeleichter Mais zum Grundnahrungsmittel geworden, teils in gefährlichem Ausmaß. Mais enthält Niacin, einen für uns Menschen wichtigen Nährstoff, jedoch in einer von uns nicht verwertbaren Form. Eine unausgewogene, maislastige Ernährung kann zu Pellagra führen, einem von Niacinmangel verursachten Leiden mit Symptomen wie Hautentzündung, Durchfall, Demenz und schließlich Tod. In Mexiko und Mittelamerika war Pellagra kein Problem, teils, weil man zusätzlich Hülsenfrüchte, Kürbisse und Gemüse aß, teils weil man Mais traditionell mit Alkalien wie Holzasche oder gemahlenen Muschelschalen zubereitete, die für das nötige Niacin sorgten. Im frühen 20. Jahrhundert aber führte eine von Armut, Ignoranz und unseliger Werbung („Mais – in irgendeiner Form zu jeder Mahlzeit") verursachte Pellagra-Epidemie in den ländlich geprägten amerikanischen Südstaaten zwischen 1906 und 1940 zu rund 3 Millionen Krankheits- und über 100 000 Todesfällen. Zu einem Zeitpunkt litt die Hälfte der Patienten der dortigen psychiatrischen Anstalten an mit Pellegra zusammenhängender Demenz.

Während in vom Mais abhängigen Entwicklungsländern noch immer ein erhebliches Risiko besteht, an Pellagra zu erkranken, ist es in den USA selten geworden. Ungute Erinnerungen an die Vergangenheit weckt aber der übermäßige Maissirupkonsum, der das Seine zur modernen Gesundheitstragödie von Übergewicht und Diabetes beiträgt. Man kann des Guten auch zu viel haben.

USA

Greisenbart

Tillandsia usneoides

Diese Pflanze, auch Spanisches Moos oder Louisianamoos genannt, ist in Wirklichkeit kein Moos. Französische Forschungsreisende erinnerte dieser Cousin der Ananas an die langen Bärte der spanischen Eroberer, weshalb sie ihn *barbe espagnol* („spanischer Bart“) nannten. Im Deutschen erhielt er den Namen Greisenbart. Die schaurig-kultige Pflanze der sumpfigen Südstaaten der USA hat skelettähnliche, fingerlange, kettenartig miteinander verdrehte Blätter, die in langen, graugrünen Vorhängen von Bäumen und Telefondrähten herabhängen. Viktorianische Reisende berichteten melodramatisch von Bäumen im Tiefen Süden, die „Spinnweben vom Himmel wischten“ oder „wie im Mondschein weinende Hexen“ aussahen. Der Greisenbart ist tatsächlich eine seltsame Pflanze.

Er ist ein Epiphyt, kein Parasit – seine verkümmerten Wurzeln haben reine Ankerfunktion – und bezieht alles Lebensnotwendige aus der feuchten Luft, aus Staub, Detritus und Regenwasser, das den Eichen- und Zypressenblättern, auf denen er wächst, spärliche Nährstoffe entzieht. Seine Blätter sind mit winzigen Schuppen bedeckt, die der Pflanze ihren silbrigen Schimmer verleihen und Wasser und Mineralien lange genug halten, dass sie sie aufnehmen kann. Die vereinzelten grünlichen Blüten sind klein und unauffällig, verströmen nachts jedoch einen feinen, süßen Moschusduft. Die Pflanze breitet sich leicht aus; von Vögeln als Nistmaterial herausgezupfte oder bei Sturm verwehte Stücke können sich zu vollständigen Pflanzen entwickeln, und im Winter geben kastanienbraune Hülsen Büschel winziger behaarter Samen frei, die vom Wind davongetragen werden und in feuchten Spalten keimen.

Die innere, holzige Faser des Greisenbarts ähnelt Pferdehaar. Die amerikanischen Ureinwohner trockneten sie und machten daraus Matten und Taue, und später verwendeten die Siedler sie als Polstermaterial für Möbel bis hin zu den ersten Autositzen. Mitte des 19. Jahrhunderts meinte ein Berichterstatter, „die Menge, in der diese Pflanze von den Bäumen Mississippis herabhängt, dürfte für sämtliche Matratzen der Welt ausreichen“.

Mit Greisenbart werden auch Hoodoo-Puppen ausgestopft, die Unheil abwenden und einem selbst Glück oder, seltener, anderen Unglück bringen sollen. Hoodoo ist ein Ableger des Louisiana Voodoo, eines aus den Traditionen der westafrikanischen Diaspora hervorgegangenen Religionssystems in den Südstaaten, die im 18. Jahrhundert dorthin verpflanzt wurden. Ihre Verbindung mit Hoodoo-Talismanen trägt mit zum unheimlichen Ruf der Pflanze bei, doch vielleicht spekulieren die Menschen, die diese Puppen anfertigen, auf viel primitivere Gefühle. Womöglich verkörpern der Greisenbart und die Sümpfe, in denen er lebt, die ungezähmte Natur: wild und unkontrollierbar.

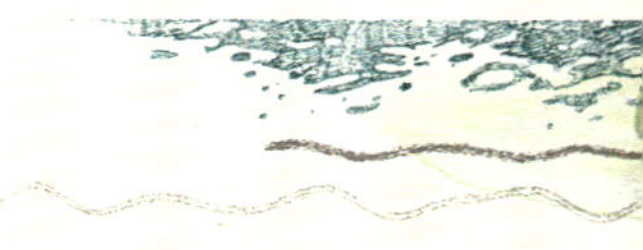

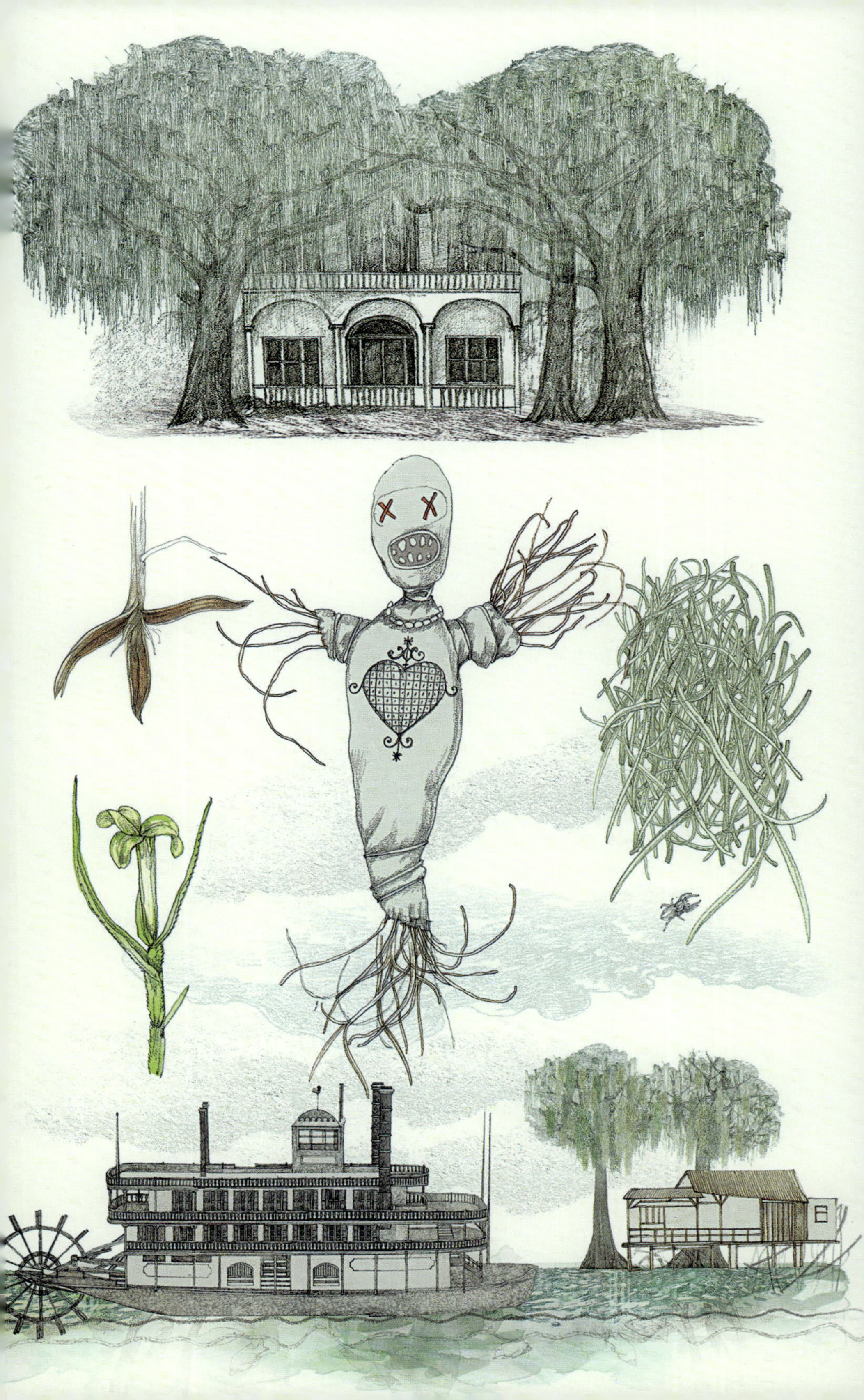

USA

Immergrüne Magnolie

Magnolia grandiflora

Die Immergrüne Magnolie ist eine riesige, in den feuchten Waldgebieten der südöstlichen USA heimische Zierpflanze. Ihre lotterigen weißen Blüten können Basketballgröße erreichen, sind atemberaubend schön, und wenn sie en masse und früh blühen – oft bevor die Blätter erscheinen –, verströmen sie einen fast überwältigenden Zitrusduft. Ihre Besonderheit liegt aber ganz woanders.

Vor der Kreidezeit, die vor etwa 140 Millionen Jahren begann, wuchsen auf der Erde vor allem Koniferen, Ginkgos und Palmfarne – Pflanzen, deren Pollen und die männlichen Geschlechtszellen darin vom Wind ausgebreitet wurden. In einer bedeutsamen Phase der Evolution mussten diese Arten sich gegen Blütenpflanzen behaupten. Diese bildeten befriedigende wechselseitige Beziehungen mit Insekten aus, die als Überträger zwischen ihnen fungierten. Zu den ersten Blütenpflanzen gehörten die Magnoliidae, von denen unter anderem die Magnolien abstammen. Sie entwickelten sich parallel zu Käfern, die sie mit nahrhaftem Pollen für ihre Dienste belohnten; damals gab es noch keine Bienen und so auch nicht die Notwendigkeit von Nektar. Um von den Käfern nicht zerkaut zu werden, waren (und sind) die Blütenhüllblätter der Magnolie konstant ledrig – also eher robust als zart. Die Samen hängen je mit einem fadendünnen Stiel an einem primitiven, zapfenähnlichen Gebilde, und wenn sie im Wind schaukeln, lockt ihre leuchtend rote Farbe heute Vögel, Opossums und Wachteln an, die sie ausbreiten, sobald sie zu Boden gefallen sind.

Wegen ihrer Schönheit und als Schattenspender sieht man Magnolienbäume viel auf Universitätsgeländen und in Parks, und wegen ihrer traditionellen Anmutung und zurückhaltenden Extravaganz sind sie bei Hochzeiten im Südstaatenstil ein verbreitetes Motiv. Die Magnolie war aber auch ein Emblem der Konföderiertenarmee im US-amerikanischen Bürgerkrieg sowie auf der ersten Flagge von Mississippi und ist noch immer ein manchmal abstoßend wirkmächtiges Symbol des weißen amerikanischen Südens.

Mitte des 18. Jahrhunderts waren die Engländer ziemlich wild auf Immergrüne Magnolien, sodass es in Gärten, die damals angelegt wurden, beeindruckende Exemplare gibt. Heute leben englische Vögel in ihnen, die zwischen ihren exotischen Blättern und Blüten merkwürdig deplatziert wirken.

U S A

Virginischer Tabak

Nicotiana tabacum

Viele Mitglieder der Familie der Nachtschattengewächse, zu der essbare Gemüse wie die Kartoffel gehören, aber auch Alraune, Tollkirsche und Tabak, schützen sich mit gefährlichen Giften. *Nicotiana* ist eine Gattung mit ca. 70 Arten überwiegend aus Amerika, von denen nur zwei angebaut werden. Die buschige, hüfthohe *N. rustica*, der in Peru heimische Bauerntabak, steckt voll mit Nikotin und wird zur Herstellung von Insektiziden und von Schamanen als rituelle psychoaktive Droge verwendet. Der übliche, ursprünglich aus Bolivien stammende Tabak ist *N. tabacum*, eine wuchsfreudige einjährige Pflanze, die in einer Saison mannshoch werden kann. Ihre Blüten, lockere Büschel heller Trompeten mit rosa Zipfeln, entwickeln sich zu grünen, murmelgroßen Fruchtkapseln mit winzigen, getreidekornähnlichen Samen. Nicht dass man Tabak oft blühen oder Frucht tragen lässt – die Blüten werden abgeschnitten, damit die Pflanzen ihre Nährstoffe in ihre riesigen Blätter umlenken, die geerntet und an einem warmen Ort zum Trocknen aufgehängt werden, wobei sie ihre bekannte hellbraune Farbe und ihren komplexen, angenehm ledrigen Duft annehmen.

Alle Teile der Pflanze sind mit feinen Drüsenhaaren bedeckt, deren gelbes, klebriges Sekret Nikotin enthält, das in den Wurzeln produziert wird und in der Pflanze zirkuliert. Es ist ein Nervengift, das Nervenimpulse beeinträchtigt und alle Insekten lähmt, die keine Resistenz dagegen entwickelt haben. Die gleiche Wirkung hat es auf Menschen – nur wenige Tropfen reines Nikotin wären tödlich; zudem kann es bedenklicherweise auch über die Haut aufgenommen werden. In geringeren Mengen wirkt es je nach Dosis anregend oder beruhigend, unterdrückt das Hunger-, Wärme- und Schmerzempfinden und erhöht Herzschlag und Blutdruck.

Vor der Ankunft der Europäer verwendeten die Ureinwohner Tabak – eines der ersten südamerikanischen Rauschgifte – jahrtausendelang rituell; man trank einen Aufguss, kaute oder inhalierte ihn. Als Christoph Kolumbus 1492 in Kuba landete, schien die Bevölkerung den Rauch gedrehter Tabakblätter – der prototypischen Havannazigarren – zu „trinken", und zwar mit hübsch in die Nasenlöcher gesteckten Röhrchen. Bald war der Tabak in Spanien angelangt und dank dem französischen Diplomaten Jean Nicot, nach dem später die Art und das Nikotin selbst benannt wurden, in den 1560er Jahren auch am französischen Hof. Die Elite gewöhnte es sich an, ein oder zwei Prisen gemahlenen Tabak zu schnupfen, und bald kam in Europa als beliebte Alternative das Pfeiferauchen auf.

Im frühen 17. Jahrhundert war Tabak die erste profitable Exportware der nordamerikanischen Kolonialsiedlungen Virginias und bald ein wichtiges Handelsgut. Anfangs wurde er von Schuldknechten gepflanzt und verarbeitet, die England und Wales aufgrund von Missernten und Armut verlassen hatten; als es in ihrer Heimat aber wieder aufwärtsging und die Tabakproduktion sich ausweitete, ließ man die Tätigkeiten bald von afrikanischen Sklaven ausführen. Mitte des 18. Jahrhunderts bereiteten vor allem in Virginia und Maryland ca. 140 000 Sklaven auf riesigen Plantagen jährlich 15 000 t Tabakblätter für die Verschiffung nach England vor. Zur Tabakaristokratie gehörten auch zwei Gründungsväter der USA, Thomas Jefferson und George Washington. Rund 250 Jahre später konsumieren mehr als 1 Milliarde Raucher weltweit 5,5 Billionen Zigaretten pro Jahr, und in den Entwicklungsländern steigt der Tabakverbrauch dank unablässiger Werbung und laxer Gesetzgebung sogar noch.

Nikotin macht extrem abhängig und geht mit diversen Gesundheitsproblemen einher, aber noch gefährlicher ist es in Kombination mit den Hunderten anderer Substanzen in Zigarettenrauch, deren Moleküle und winzige Partikel nicht nur die Lunge, sondern auch viele andere Organe schädigen. Die Nikotinindustrie offeriert ein Must-have-Produkt, dessen Risiken nicht sofort zutage treten und das bei denen, die davon loskommen wollen, unangenehme physische und psychische Symptome hervorruft. Ein bestechendes Geschäftsmodell! Tabakfirmen sind für ihre Direktoren, ihre Aktionäre und die Regierungen, die sich auf die entsprechenden Steuereinnahmen verlassen, ungemein profitabel. Tabak tötet und schädigt jedoch mehr Menschen als jede andere Pflanze und verbraucht 40 000 km^2 der Erdoberfläche, die für den Nahrungsmittelanbau genutzt oder stillgelegt und als wertvolle Waldhabitate geschützt werden könnten. Man kann nur staunen über die geistigen Verrenkungen der Männer und Frauen, die immense Geldmittel und Lobbyarbeit investieren, um Tabakfirmen als staatstragend hinzustellen. Der Reiz des Tabaks ist eben unwiderstehlich.

USA (UND PAPUA-NEUGUINEA)

Speise- und Flaschenkürbis

Cucurbita spp. und *Lagenaria siceraria*

Speisekürbisse, Flaschenkürbisse, Melonen und Gurken sind alle Kürbisgewächse: in Trockenregionen vorkommende Arten einer enorm fruchtbaren Familie, die am Boden kriechen oder rankend in die Höhe klettern. Ihre oft großen, lebhaft gefärbten, essbaren Früchte, deren Samen in saftigem Fruchtfleisch mit harter Außenschale sitzen, sind botanisch sogenannte Panzerbeeren. Die großenteils aus dem Gebiet zwischen den Anden und den südlichen USA stammenden Speisekürbisse sind wüchsig und großblättrig und haben auffällige fünfzählige, orangegelbe Blüten. Sie werden von Solitärbienen der speziellen „Kürbisbienen"-Gattungen *Peponapis* und *Xenoglossa* bestäubt, die sich unter den Pflanzen harmlose kleine Nester graben.

Ursprünglich wurden Speisekürbissamen vermutlich von Großfauna ausgebreitet – Riesenfaultieren und Mastodons, die vor rund 12 000 Jahren ausstarben. Ohne sie ging die Zahl der wilden Kürbisse zurück, aber innerhalb von rund 1000 Jahren hatte sich der Mensch ihrer angenommen und domestizierte sie, zuerst ihrer nahrhaften Samen und dann, nach Elimination ihrer Bitterstoffe, ihres Fruchtfleischs wegen. Der heutige Speisekürbis beruht auf einer Handvoll *Cucurbita*-Arten, von denen unzählige Sorten gezüchtet wurden.

Mais (s. S. 182), Bohnen und Kürbis sind die „drei Schwestern" der Milpa, eines von den Maya entwickelten nachhaltigen Anbausystems, das in Teilen von Mexiko bis heute anzutreffen ist. Milpa war die Basis einer ausgewogenen Ernährung und als Landwirtschaftssystem selbst ausgewogen; verschiedenste Bohnen banden als Hülsenfrüchtler (s. Rotklee, S. 28) Stickstoff aus der Luft und düngten so den nährstoffhungrigen Mais, der wiederum rankenden Bohnen und Kürbissen Halt gab. Die Kürbisse bildeten eine grüne Decke, die Feuchtigkeit hielt, Bodenerosion verhinderte und Unkraut zurückdrängte. Frühe englische Siedler in Nordamerika übernahmen die Milpa von der Urbevölkerung.

Speisekürbisse unterscheidet man gewöhnlich nach dem Zeitpunkt ihres Verzehrs. Sommerkürbisse, die in zartem, unreifem Zustand geerntet werden, halten höchstens ein paar Wochen. Dazu gehören Zucchini, deren frittierte Blüten ein hübscher Leckerbissen sind, und die flache, gelbe Bischofsmütze mit gewelltem Rand. Winterkürbisse wie der Butternusskürbis reifen an der Pflanze, werden im Herbst geerntet und sind monatelang haltbar. Ihr süßes, stärkereiches Fleisch ist orange und so nussig, dass man sie problemlos kochen, pürieren und zu Suppe verarbeiten kann; Rösten oder Sautieren verfeinert sie noch. Große, orange Speisekürbisse sind die Hauptzutat des süßen Soul-Food-Kuchens für das Thanksgiving-Dinner; Ingwer, Zimt und Zucker gleichen seine Milde aus. Beim alten keltischen Herbstfest Samhain stellte man Öllampen in ausgehöhlte Rüben, um böse Geister zu vertreiben – eine Sitte, die schottische und irische Einwanderer im frühen 19. Jahrhundert in die USA mitbrachten, wo man die Rüben durch Kürbisse ersetzte. Heute werden in einer Orgie der Kreativität, des Humors und kleiner Handverletzungen jährlich aus über 100 Millionen Kürbissen Halloween-Laternen geschnitzt, ein Brauch, der inzwischen wieder nach Europa zurückschwappt.

Kürbisse werden mit Fruchtbarkeit, aber auch mit absurder Komik assoziiert. Bei Kürbisregatten sitzen Ruderer in Exemplaren mancher Riesensorten, und die Fixierung auf Größe hat typisch männliche Wettbewerbe um das größte Exemplar der größten Frucht der Welt hervorgebracht. Der Rekord liegt bei gut 1 t, dem Gewicht eines Kleinwagens.

Der Flaschenkürbis (auch Kalebasse, *Lagenaria siceraria*) ist in Zentralafrika heimisch und eng verwandt mit den Speisekürbissen. Er wächst als Kletterpflanze, deren weiße, ätherisch grün geäderte Blüten an eingerissenes, zerknittertes Seidenpapier erinnern und deren haltbare Früchte viele verschiedene gebogene Formen haben. Sie werden kaum gegessen, vielmehr mit kunstvollen Schnitzereien verziert und gewöhnlich als Schüsseln, Tassen, Schöpfkellen und für den Transport von Wasser oder Milch benutzt. In Teilen Neuguineas verwenden Männer eine Sorte, die ihrer Länge und Röhrenform wegen angebaut wird, als Penishülle – ein Alltagsutensil, dessen Zweck unter Anthropologen umstritten ist, das vermutlich aber mit der Hervorhebung von Status oder Sexualität, der Identifikation mit dem eigenen Stamm und einfach mit Spaß zu tun hat. Vielleicht unterscheiden sich die Motive dieser Männer gar nicht so sehr von denen im Westen, die ihre Riesenkürbisse hegen und pflegen.

Sarracenia flava
Darlingtonia californica
Sarracenia purpurea
Sarracenia oreophila

USA (UND BORNEO)

Schlauch- und Kannenpflanzen

Sarracenia, Darlingtonia und *Nepenthes* spp.

Bis auf Kohlendioxid, das sie über ihre Blätter aufnehmen, erhalten Pflanzen in der Regel alle notwendigen Nährstoffe über ihre Wurzeln. Mehr als 500 besonders mageren Böden ausgesetzte Arten aber haben ihre Ernährung ausgebaut und sich zu fleischfressenden Pflanzen entwickelt. Als eindrucksvolles Beispiel für die sogenannte konvergente Evolution bildeten nicht verwandte Pflanzengruppen auf verschiedenen Kontinenten unabhängig voneinander verblüffend ähnliche, urnenförmige Fallen aus, die sich mit Flüssigkeit füllen können. Diese „Schläuche" beziehungsweise „Kannen" bestehen aus speziellen, komplizierten Blättern mit Deckeln oder „Vordächern", die die Beute hineinlotsen und zugleich nicht zu viel Regen eindringen lassen.

Diese Pflanzen verführen ihre Opfer mit betörenden Düften und komplizierten Markierungen – teils für uns unsichtbaren ultravioletten Mustern –, die Blüten, Aas und andere Leckereien imitieren. Sind sie erst angelockt, treffen die Insekten auf eine ganze Abfolge von Fallen: feinen Haaren, die sie in eine bestimmte Richtung treiben – zum „Gefäß"; einem Wasserfilm, auf dem sie in unkontrollierbares Rutschen geraten; und einer raffinierten wachsartigen Auskleidung mit nanoskaliger Oberflächenstruktur, die ihnen keinen Halt bietet. Die Flüssigkeit im Innern enthält Verdauungsenzyme und oft auch Tenside – Benetzungsmittel, die Insekten sinken und ertrinken lassen – sowie Bakterien, die ihre Zersetzung beschleunigen. Schlauch- und Kannenpflanzen haben Autoren zu Science-Fiction-Horrorgeschichten und Forscher zur Entwicklung von Materialien inspiriert, die ihre glitschigen, selbsttätig schmierenden Oberflächen imitieren, zum Beispiel Bootsbeschichtungen, die den Widerstand verringern und so glatt sind, dass Rankenfußkrebse und Pflanzen sich nicht festsetzen können.

Für ihre Fortpflanzung benötigen diese Pflanzen Bestäuber als Überträger, zugleich müssen sie aber vermeiden, sie zu fangen und zu töten. Die Evolution hat dafür verschiedene Lösungen gefunden: möglichst große Abstände zwischen Blüte und „Falle"; Blühen und Fallenstellen zu verschiedenen Zeitpunkten; und, besonders genial, unterschiedliche chemische Lockstoffe – solche, die Insektenarten anziehen, die für ihre Dienste süßen Nektar erhalten, und andere, die Arten ködern, die die Pflanze frisst.

Die Schlanke Braunrote Schlauchpflanze (*Sarracenia purpurea*) wächst in sumpfigen Regionen des südöstlichen Kanadas und der nordöstlichen USA. Ihre Fallen stehen in Büscheln und sind geschwollen, wadenhoch und von seltsamer Schönheit, mit auffälligen zipfeligen Spitzen, deren rote Äderung an die von Kaninchenohren erinnert. Hoch über ihnen nicken einzelne blutrote Blüten auf schlanken Stielen. Die Pflanzen sind nicht wählerisch; außer Ameisen fressen sie

Milben, Fliegen, Zitterspinnen, bisweilen auch Schnecken und kleine Frösche. Besonders sind sie aber hinter den langbeinigen, schwarz-weißen Baldachinspinnen her, mit denen sie um Insektenbeute konkurrieren.

Die Kobralilie (*Darlingtonia californica*) aus den nordwestlichen USA sieht mit ihren bizarren Flecken wie eine sich aufbäumende Schlange aus. Da in ihre nach unten zeigende Öffnung kein Regen gelangen kann, pumpt sie Wasser von ihren Wurzeln in ihre Fallen. Auffällige, zungenartige Vorwölbungen nahe der Öffnung sind mit duftendem Nektar besetzt, und sind Insekten erst in der kleinen Öffnung gelandet, behindert eine durchsichtige Haube sie bei ihren instinktiven Bemühungen, zurück zum Licht zu fliegen. Immer wieder stoßen sie dagegen, bis sie irgendwann fallen.

In den Wäldern Südostasiens existieren mehr als 150 Arten von *Nepenthes* (Kannenpflanzen), besonders viele an den Hängen des Kinabalu auf der riesigen Insel Borneo, wo Starkregen Nährstoffe aus den mageren Böden schwemmt. Viele von ihnen sind verholzte Kletterpflanzen, die sich manchmal 15 m oder mehr emporranken und oben Kannen als Fallen für Fluginsekten haben und weiter unten ganz anders geformte, in die Tiere geraten, die am Waldboden kriechen oder krabbeln und teils, wie Nager und kleine Säugetiere, ziemlich groß sind. *Nepenthes* (gegenüber) haben viele Tricks mit den nordamerikanischen Schlauchpflanzen gemeinsam, darüber hinaus aber zusätzliche entwickelt. Bei einigen enthält die Kannenflüssigkeit Gifte oder Narkotika und ist Im Allgemeinen auch viskoelastisch, das heißt so zähflüssig, dass sie klebrige, elastische Fäden bildet, die die Beute umso effizienter packen und festhalten, je heftiger und panischer sie sich bewegt. *N. albomarginata* produziert am Saum unter ihrer Kannenöffnung einen blassen Streifen Gewebe, der Flechten imitiert, die Lieblingskost von Termiten. *N. gracilis* lockt Fliegen zur Unterseite ihres federnden Deckels, und die Kraft fallender Regentropfen katapultiert sie dann abwärts in den sicheren Tod. Andere Arten erhalten von Tieren, was sie brauchen, ohne sie zu töten; so versorgt *N. lowii* das Spitzhörnchen auf Borneo mit leckerem weißem Sekret, wobei das Tier beim Fressen rittlings auf einer „Kloschüssel“ sitzen muss, sodass sein stickstoffreicher Kot genau an der richtigen Stelle landet. *N. hemsleyana* erreicht etwas Ähnliches, indem sie Fledermäusen einen Schlafplatz bietet, während *N. ampullaria* sich großenteils vegetarisch von Laubabfällen ernährt, die sie in ihren winzigen Bioabfalltonnen auffängt.

Charles Darwin war beeindruckt von den erstaunlichen Anpassungsleistungen der fleischfressenden Pflanzen und betrachtete sie als die großartigsten der Welt. Aber steckt hinter ihrem Zauber nicht mehr? Hier nicht zu vermenschlichen fällt schwer; vielleicht üben die Schlauch- und Kannenpflanzen eine so morbide Faszination auf uns aus, weil ihr Verhalten skrupellosen Mutwillen zu verraten scheint. Ein wirklich gruseliger Gedanke.

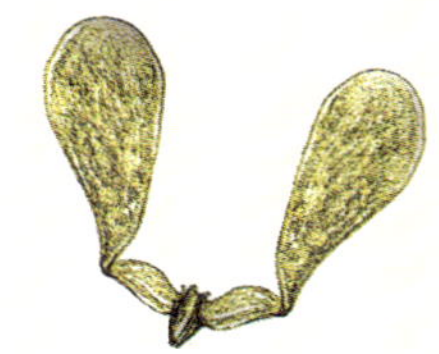

KANADA

Gewöhnliche Seidenpflanze

Asclepias syriaca

Im Sommer wird die stämmige, brusthohe Gewöhnliche Seidenpflanze wochenlang zu einem nektarreichen Mikrohabitat, das nur so brummt von Insekten. Ihre pfirsich- oder rosafarbenen Blüten duften berauschend süß, sind kunstvoll geformt und hoch entwickelt. Futter suchende Insekten geraten mit den Beinen oft in die winzigen Rillen zwischen den „Hörnern" des kronenförmigen Gebildes über den Blütenblättern; Fliegen und kleine Wespen sterben so oder entfleuchen mit ein oder zwei Beinen weniger. Größere Insekten wie Bienen können sich befreien, aber während sie sich abmühen, schließt sich ein Klemmkörper mit zwei millimeterkurzen Stielchen um ihre Beine und löst sich von der Blüte. An den Stielchen sitzt je ein goldenes Pollenpaket. Fliegt das Insekt zur nächsten Blüte, vertrocknen die Stielchen und verdrehen sich, sodass der Pollensack exakt in deren Rille gleitet; die kostbare Fracht landet also genau da, wo sie hinsoll. Die entstehenden warzigen, grünen Samenschoten reifen, platzen und geben dicht an dicht sitzende flache, braune Samen frei, die mit weißen Schöpfen hauchzarter Seide davonsegeln.

Der cremige Milchsaft in Stängel und Blättern der Pflanze enthält Cardenolide, bittere, herzwirksame Gifte, die die meisten Pflanzenfresser abschrecken. Nicht aber die Monarchfalter, die bekanntlich vorm Winter in Schwärmen von der nordamerikanischen Atlantikküste Tausende Kilometer nach Mexiko fliegen. Sie legen ihre Eier auf den Blattunterseiten der Gewöhnlichen Seidenpflanze ab, sodass sich die auffälligen schwarz-weiß-golden gestreiften Raupen nach dem Schlüpfen gleich auf dem perfekten Futter befinden. Sie fressen die Blätter und vertragen das Gift, ja speichern es sogar in ihrem Körper, was sie für hungrige Vögel ungenießbar macht.

Die Seidenpflanzenhabitate leiden unter dem übermäßigen Einsatz von Herbiziden und dem ökologisch kurzsichtigen Wunsch nach „sauberen, gepflegten" Straßenrändern und Brachen. In der löblichen Absicht, den Monarchfaltern Gutes zu tun, pflanzten viele Gärtner Seidenpflanzen, allerdings die nicht heimische, tropische Indianer-Seidenpflanze (*Asclepias curassavica*) mit ihren prächtigen roten und orangen Blüten. Da sie im Winter nicht verlässlich abstirbt, machen sich die Monarchfalter nicht mehr zu ihrer Wanderung auf, und als ganzjähriger Wirt eines einzelligen, Schmetterlinge befallenden Parasiten ist sie sehr anfällig für schwächende Infektionen.

Inzwischen wird in Gärten die einheimische Seidenpflanze gepflanzt, was zur Erholung der Populationen von Monarchfaltern und anderen nützlichen Insekten beiträgt, die vielleicht aber rascher voranschritte, wenn eine so wertvolle Pflanze nicht „gewöhnlich" genannt würde.

Asclepias syriaca

KANADA

Winter-Schachtelhalm

Equisetum hyemale

Winter-Schachtelhalme sind auf eine stille Art hübsch und sehr, sehr primitiv: ein Rückfall in Zeiten, als Pflanzen noch keine Insekten anlockenden Blüten und keinen Pollen, ja nicht einmal Samen hatten.

In den kühleren Teilen der nördlichen Hemisphäre heimisch, gehören Winter-Schachtelhalme in Regionen mit ständiger Nässe und mageren Böden. Ihre erstaunlich harten Stängel – grüne, fingerdicke Röhren – werden selten mehr als kniehoch. Das Licht fangen sie ein und nicht die unauffälligen, schuppenähnlichen Blätter, die um jeden Knoten lila Wirbel bilden. Siliziumdioxid in den Stängeln macht diese unelastisch und auch rau. Wofür sie früher verwendet wurden, verraten andere Trivialnamen der Pflanze, wie Tischlerschachtelhalm oder Polirschachtelhalm. Aus den abgekochten und getrockneten Stängeln werden noch heute die Blätter von Saxophonen und Klarinetten gefertigt, und in Japan glättet man mit ihnen feine Tischlerarbeiten.

An den Spitzen mancher Winter-Schachtelhalmstängel sitzen hübsch gemusterte, kleine Zapfen, die in jedem Frühjahr unzählige, nur 0,05 mm dicke Sporen mit den Zutaten für die nächste Generation freigeben. Bemerkenswert ist, wie diese winzigen Sporen ihre Reise beginnen. Die äußerste Schicht reißt, und es zeigen sich vier faserförmige Gebilde. Diese Elateren wickeln sich um die Spore und entrollen sich beim Vertrocknen wieder. Gelegentlich verheddern sich ihre kleinen Arme beim Versuch, sich aufzurollen, machen aber weiter, bis sie freikommen und die Spore in die Luft schnipsen. Da die umgebende Luft abwechselnd feucht und trocken ist, können die Sporen mehrmals springen, jedes Mal bis zu 1,5 mm. Das mag nach wenig klingen, entspricht aber dem 30-Fachen ihrer eigenen Höhe: eine erstaunliche Leistung. In Windkanaltests konnte nachgewiesen werden, dass diese Art des Springens die Chancen der Spore, mit dem Wind davongetragen zu werden, immens erhöht.

Inzwischen ausgestorbene Vorfahren des Winter-Schachtelhalms, die Kalamiten, waren monströs. Sie hatten einen verholzten Stängel von 30 m Höhe oder mehr und begannen sich vor etwa 360 Millionen Jahren in den Sümpfen der Karbonzeit zu verbreiten. Aber erst 60 Millionen Jahre später gelang es Pilzen und Bakterien, Holz effzient zu zerlegen. Bis dahin war alles Holzige dazu bestimmt, zu Kohle gepresst zu werden. Sämtliche Kohle der Welt, von der ein Großteil aus Kalamiten entstanden ist, lagerte sich in jener Zeit ab, die denn auch Karbon heißt: „Kohle-Zeitalter“.

WELTWEIT

Marines Phytoplankton

Nicht jeder würde mikroskopisch kleine, einzellige Organismen als Pflanzen betrachten, aber deren wichtigste Fähigkeit ist die Fotosynthese, und die betreibt Phytoplankton definitiv. Es lebt großenteils nur ein paar Tage lang, treibt mit den Ozeanströmungen und schwebt nahe der Wasseroberfläche – da, wo es hell ist.

Es nutzt die Energie des Sonnenlichts, verbraucht in Wasser gelöstes Kohlendioxid und nimmt Kohlenstoffverbindungen in seine kleinen Organismen auf, so wie Holz und Blätter eines Baums Kohlenstoff speichern. Sie sind klein, dafür zahlreich; ein Teelöffel Meerwasser kann Hunderttausende Individuen enthalten. Das gesamte marine Phytoplankton der Welt absorbiert genauso viel Kohlendioxid (und gibt genauso viel Sauerstoff ab) wie alle Bäume und anderen Landpflanzen zusammen. Es ist auch der Primärproduzent der Meere, das heißt das erste Glied der Nahrungskette, ohne das kaum anderes Leben im Meer denkbar ist.

Phytoplankton ist in der Regel dünn wie feines Haar, oft aber viel kleiner. In der Vergrößerung zeigt sich ein Paralleluniversum komplizierter Strukturen, der Stoff für irre Träume: einsame Raumschiffe und unglaubliche geometrische Formen, winzige Schlangen und Leitern und Girlanden aus kunstvollen Perlen an feinsten Fädchen. Es gibt Tausende Arten.

Gelegentlich bemerken wir sie sogar. Bei entsprechenden Nährstoffen und Temperaturen kann Phytoplankton explosionsartig gedeihen und Hunderte Quadratkilometer Meeresfläche mit Algenblüte überziehen. Zur Gruppe der Dinoflagellaten (sie haben eine winzige Geißel, daher ihr – griechischstämmiger – Name) gehören Arten, die mitunter so zahlreich vorkommen, dass sie das Meer rot färben. Manche können sogar in einem chemischen Prozess namens Biolumineszenz, der sich als Abwehrmechanismus herausgebildet hat, Licht produzieren. Das von der Phytoplanktongemeinschaft erzeugte und von Bewegung ausgelöste Licht scheint tatsächlich Fressfeinde zu erschrecken und zugleich größere Meereslebewesen anzulocken, die die Möchtegernangreifer vielleicht vertreiben.

Nächtliches Meeresleuchten auf warmer, glatter See ist einer der schmerzlich schönsten Anblicke in der Natur. In einer solchen Weite zu schwimmen, eingehüllt in eine leuchtende, pulsierende Gemeinschaft, und sich klarzumachen, dass das einzeln so unbedeutende Phytoplankton die Quelle fast aller Nahrung und fast allen Lebens im Meer ist, macht demütig.

Und wohin jetzt?

Ich schlage vor, mit einer realen Pflanze zu beginnen. Suchen Sie sich eine aus, die Sie mögen, einen kleinen Baum oder einen blühenden Busch, und sehen Sie sich ihn mindestens 20 Minuten lang ganz genau an. Konzentrieren Sie sich. Nehmen Sie seine Formen, Farben und Muster, Textur und Duft der Blätter und gegebenenfalls Blüten und deren Ausrichtung, kleinste Merkmale wie Haare, unter Umständen Insekten samt Eiern, etwaige Schäden oder Krankheiten in sich auf. Stellen Sie sich Fragen zu dem, was Sie sehen: Was? Wie? Und vor allem: Warum? Machen Sie das Gleiche mit einer anderen Pflanze, dann kriegen Sie den Dreh raus. Schlimmstenfalls ist es ein bisschen Zeitverschwendung, bestenfalls ändert es Ihren Blick auf die Welt.

Als Nächstes empfehle ich Ihnen, Ihre Reise in einem botanischen Garten zu beginnen, wo Sie sich an der Vielfalt und Faszination betreuter Sammlungen erfreuen können. Die meisten verfügen über engagierte Mitarbeiterinnen und Mitarbeiter und hilfreiche Literatur und führen Veranstaltungen durch, bei denen Sie Gleichgesinnte kennenlernen können. Den nächstgelegenen botanischen Garten finden Sie auf der Webseite bgci.org der Organisation Botanic Gardens Conservation International.

Auf den folgenden Seiten finden Sie einige Lektüreempfehlungen (in deutscher und englischer Sprache). Viele sind leicht erhältlich, andere gibt es nur in Bibliotheken oder gebraucht.

Bei den Recherchen für dieses Buch habe ich viele Quellen genutzt, unter anderem Fachzeitschriften und -aufsätze. Sie habe ich hier nicht alle aufgeführt. Aber weitere wichtige, die Pflanzenarten in diesem Buch betreffende, Literaturhinweise und viele andere nützliche Links finden Sie auf www.jondrori.co.uk/80plants.

Pflanzen allgemein

Darf ich, wenn Ihnen dieses Buch gefällt, ganz frech ein ähnliches empfehlen?

In 80 Bäumen um die Welt von, nun ja, J. Drori wurde ebenfalls von der fabelhaften Lucille Clerc illustriert (Laurence King Verlag, Berlin 2018).

Marinelli, Janet: *Pflanzen der Welt: Faszinierende Pflanzenvielfalt der fünf Kontinente*, Dorling Kindersley, München 2006

Bird, Christopher und Peter Tompkins: *Das geheime Leben der Pflanzen: Pflanzen als Lebewesen mit Charakter und Seele und ihre Reaktionen in den physischen und emotionalen Beziehungen zum Menschen*, Fischer Taschenbuch, Frankfurt/M. 1977

Coccia, Emanuele: *Die Wurzeln der Welt: Eine Philosophie der Pflanzen*, Hanser, München 2018

Mancuso, Stefano: *Die unglaubliche Reise der Pflanzen*, Klett-Cotta, Stuttgart 2020

Arens, Detlev: *Der deutsche Wald: Naturereignis, Wirtschaftsraum, Sehnsuchtsort*, Edition Fackelträger, Köln 2016

Attenborough, David: *The Private Life of Plants*, BBC Books, London 1995

Milne, Lorus and Margery Milne: *Living Plants of the World*, Random House, New York 1967

Haskell, David G.: *The Forest Unseen*, Penguin Books, London 2013

Wissenschaftliches

Lüttge, Ulrich: *Faszination Pflanzen*, Springer Spektrum, Berlin 2017

Lüttge, Ulrich und Manfred Kluge: *Botanik: Die einführende Biologie der Pflanzen*, Wiley-Blackwell, Hoboken/ Weinheim 2012

Freidl, Thomas u. a. (Hg., Raven, Peter, Ray F. Evert und Susan E. Eichhorn: *Biologie der Pflanzen*, de Gruyter, Berlin 2006

Miedaner, Thomas: *Kulturpflanzen, Botanik – Geschichte – Perspektiven*, Springer, Berlin/Heidelberg 2014

Kadereit, Joachim W., Christian Körner, Benedikt Kost, Uwe Sonnewald: *Strasburger: Lehrbuch der Pflanzenwissenschaften*, 37. Aufl., Springer Spektrum, Berlin / Heidelberg 2014

Thomas, Peter A.: *Trees: Their Natural History*, Cambridge University Press, Cambridge 2014

Beentje, Henk: *The Kew Plant Glossary*, 2nd edition, Kew Publishing, London 2016

Coats, P.: *Flowers in History*, Weidenfeld & Nicolson, London 1970

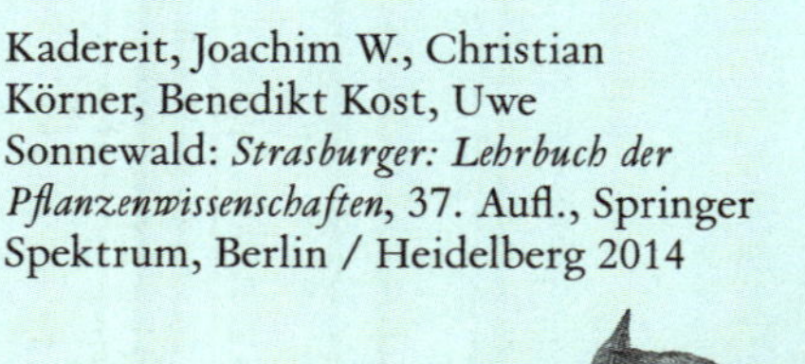

Essbare Pflanzen

Fleischhauer, Steffen Guido, Jürgen Guthmann, Roland Spiegelberger: *Enzyklopädie essbare Wildpflanzen. 2000 Pflanzen Mitteleuropas. Bestimmung, Sammeltipps, Inhaltsstoffe, Heilwirkung, Verwendung in der Küche*, AT-Verlag, Baden u. a. 2013

Couplan, Francois: *Wildpflanzen für die Küche: Botanik und Sammeltipps mit Rezepten von Jean-Marie Dumaine*, AT Verlag, Aarau (Schweiz) 2011

Greiner, Karin: *Bäume in Küche und Heilkunde*, AT Verlag, Aarau (Schweiz) 2017

Knight, Liz: *Essbare Wildpflanzen: Erkennen, sammeln, zubereiten.* Laurence King Verlag, Berlin, 2021

Dalby, Andrew: *Dangerous Tastes: The Story of Spices*, British Museum Press, London 2000

Davison, A.: *The Oxford Companion to Food*, Oxford University Press, Oxford 1999

Allgemeine Nachschlagewerke

Brickell, Christopher und Wilhelm Barthlott: *Dumont's große Pflanzenenzyklopädie*, Dumont Verlag, Köln 1998

Wagenitz, Gerhard: *Wörterbuch der Botanik: Morphologie, Anatomie, Physiologie, Taxonomie, Evolution*, Spektrum Akademischer Verlag, 2. Aufl., Heidelberg 2003

Erhardt, Walter, Erich Götz, Nils Bödeker und Siegmund Seybold: *Zander: Handwörterbuch der Pflanzennamen*, 37. Aufl., Verlag Eugen Ulmer, Stuttgart 2014

Weisgerber, Horst u.a.: *Bäume der Tropen: Die große Enzyklopädie*, Nikol Verlagsgesellschaft, Hamburg 2014

Roloff, Andreas u.a.: *Bäume Mitteleuropas: Von Aspe bis Zirbelkiefer. Mit den Porträts aller Bäume des Jahres von 1989 bis 2010*, Wiley-VCH, Weinheim 2010

Raven, Peter H., Ray F. Evert und Susan E. Eichhorn: *Biology of Plants*, 7th edition, W. H. Freeman & Co, New York 2005

Barwick, M.: *Tropical & Subtropical Trees: A worldwide encyclopedic guide*, Thames & Hudson, London 2004

Mabberley, David J.: *The Plant Book*, Cambridge University Press, Cambridge 2006

Historisches Reisen und Botanisieren

Die Berichte botanisch interessierter früher Reisender sind vergnüglich und verraten viel über ihre Zeit. Alexander von Humboldt schrieb eine grandiose persönliche Geschichte seiner Forschungsreisen nach Südamerika Anfang des 19. Jahrhunderts. Henry Walter Bates' Bericht *Elf Jahre am Amazonas* (Original: 1863) und Joseph Dalton Hookers *Himalayan Journals* (1854) über Expeditionen um 1850 sind schöne Lektüren. *Auf der Jagd nach Fisch und Fetisch. Die Reisen der Mary Kingsley in Westafrika* (Original: 1893) ist der herrliche, aber auch haarsträubende Bericht einer Alleinreisenden auf der Suche nach Pflanzen. Ein weiterer Reisender und einer der größten Naturforscher überhaupt war Charles Darwin. Sein *Der Ursprung der Arten* (Original: 1859) sollte man gelesen haben, aber mir gefällt vor allem *Über die Einrichtungen zur Befruchtung Britischer und ausländischer Orchideen durch Insekten* … (Original: 1862), das fantastische Einblicke in seine Beobachtungsmethode und die bizarre Welt der Orchideen erlaubt.

Wirtschaftsbotanik

Thompson, Peter: *Der Keim unserer Zivilisation: Vom ersten Ackerbau bis zur Gentechnik*, Wissenschaftliche Buchgesellschaft, Darmstadt 2012/2019

Miedaner, Thomas: *Kulturpflanzen: Botanik – Geschichte – Perspektiven*, Springer Spektrum, Heidelberg 2014

Lieberei, Reinhard: *Nutzpflanzenkunde: Nutzbare Gewächse der gemäßigten Breiten, Subtropen und Tropen*, Thieme Verlag, Stuttgart 2007

Franke, Elsa, Reinhard Lieberein und Christoph Reisdorff: *Nutzpflanzen*, Thieme Verlag, Stuttgart 2012

Hobbs, Kevin und David West: *Die Geschichte der Bäume und wie sie unsere Lebensweise verändert haben*, Laurence King Verlag, Berlin 2020

Dash, Mike: *Tulpenwahn: Die verrückteste Spekulation der Geschichte*, Ullstein Taschenbuch, Berlin 2001

Willis, Kathy and Carolyn Fry: *Plants from Roots to Riches*, John Murray, London 2014

Ogorzaly, Molly and Beryl Simpson: *Plants in Our World. Economic Botany*, McGraw Hill, New York 2013

Levetin, Estelle and Karen McMahon: *Plants and Society*, McGraw Hill, New York 2020

Arzneien, Drogen und Gifte

Dauncey, Elizabeth: *Killerpflanzen*, Franckh Kosmos Verlag, Stuttgart 2018

Hecker, Kathrin und Frank Hecker: *Kann ich das essen oder bringt mich das um? Essbare und giftige Wildpflanzen erkennen*, Franckh Kosmos, Stuttgart 2020

Stewart, Amy: *Gemeine Gewächse: Das A bis Z der Pflanzen, die morden, verstümmeln, berauschen und uns anderweitig ärgern*, Piper Taschenbuch, München 2017

Rätsch, Christian: *Enzyklopädie der psychoaktiven Pflanzen: Botanik, Ethnopharmakologie und Anwendung*, AT Verlag, Aarau (Schweiz) 1998

Wink, Michael, Ben-Erik van Wyk und Coralie Wink: *Handbuch der giftigen und psychoaktiven Pflanzen*, Wissenschaftliche Verlagsgesellschaft, Stuttgart 2008

Chevallier, Andrew: *Das große Lexikon der Heilpflanzen: 550 Pflanzen und ihre Anwendungen*, Dorling Kindersley, München 2017

Thurner, Alexander, Bettina Thurner und Patrick Thurner: *Heilender Hanf: Cannabis - die wiederentdeckte Naturmedizin*, Kneipp Verlag der Verlagsgruppe Styria, Wien 2018

Stuart, David: *Dangerous Garden*, Frances Lincoln, London 2004

Emboden, William: *Narcotic Plants*, Collier Books, London 1979

Sozial- und Kulturgeschichte

Mintz, Sidney W.: *Die süße Macht. Kulturgeschichte des Zuckers*, (Neuausgabe) Campus, Frankfurt/M. 2007

Schivelbusch, Wolfgang: *Das Paradies, der Geschmack und die Vernunft: Eine Geschichte der Genußmittel*, Fischer Taschenbuch, Frankfurt/M. 1990

Seidel, Wolfgang: *Die Weltgeschichte der Pflanzen*, Eichborn, Frankfurt/M. 2012

Pavord, Anna: *Wie die Pflanzen zu ihren Namen kamen: Eine Kulturgeschichte der Botanik*, Berlin Verlag, Berlin 2008

Jeanson, Marc und Charlotte Fauve: *Das Gedächtnis der Welt: Vom Finden und Ordnen der Pflanzen*, Aufbau Verlag, Berlin 2020

Daugey, Fleur: *Das Liebesleben der Pflanzen: Eine unverblümte Kulturgeschichte*, Verlag Eugen Ulmer, Stuttgart 2016

Zerling, Clemens: *Lexikon der Pflanzensymbolik*, AT Verlag, Aarau (Schweiz) 2007

Attenborough, David: *Wunderbare seltene Dinge...: Die Darstellung der Natur von Leonardo bis Maria Sybilla Merian*, Schirmer Mosel, München 2008

Nesbitt, Mark and Sir Ghillean Prance: *The Cultural History of Plants*, Routledge/ Taylor & Francis, London 2005

Noch speziellere Themen

Auch über einzelne Gattungen und Arten gibt es viele interessante und spannende Bücher. Hier eine kleine Auswahl.

Pavord, Anna: *Die Tulpe: Eine Kulturgeschichte*, Insel Verlag, Berlin 2003

Van Trier, Harry: *Bambus*, Verlag Eugen Ulmer, Stuttgart 2005

Austin, David: *Die Rose: Vom Zauber einer Königin*, Franckh Kosmos, Stuttgart 2017

Hansen, Eric: *Orchideenfieber: Die Geschichte einer Leidenschaft*, Klett-Cotta, Stuttgart 2002

Barthlott, Wilhelm u.a.: *Karnivoren. Biologie und Kultur Fleischfressender Pflanzen*, Verlag Eugen Ulmer, Stuttgart 2004

Schalansky, Judith: *Algen: Ein Portrait* (Naturkunden), Matthes & Seitz, Berlin 2019

Wheeler, Keith G. R.: *A Natural History of Nettles*, Trafford, 2004

Ukers, William H.: *All about Coffee*, Tea and Coffee Journal Company 1922 (seitdem in zahllosen Reprints und Ausgaben erschienen)

Wissenschaftliche Spezialthemen

Mancuso, Stefano und Alessandra Viola: *Die Intelligenz der Pflanzen*, Kunstmann, München 2015

Scheppach, Joseph: *Das geheime Bewusstsein der Pflanzen: Botschaften aus einer unbekannten Welt*, Knaur, München 2016

Nachtigall, Werner: *Bionik: Grundlagen und Beispiele für Ingenieure und Naturwissenschaftler*, 2. Aufl., Springer, Berlin 2003

Molenkamp, Felicia: *Pflanzengeflüster: Wie und warum Pflanzen kommunizieren. Eine kurze Geschichte der Evolution der Pflanzen*, AT Verlag, Aarau (Schweiz) 2019

Farmer, Edward E.: *Leaf Defence*, Oxford University Press, Oxford 2014

Willis, Kathy and J. C. McElwain: *The Evolution of Plants*, 2nd edition, Oxford University Press, Oxford 2004

Schaefer, H. Martin and Graeme D. Ruxton: *Plant-Animal Communication*, Oxford University Press, Oxford 2011

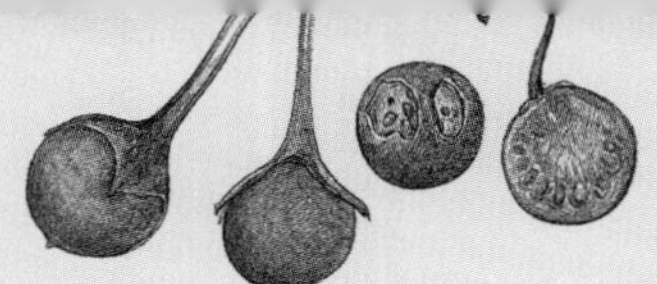

Nützliche frei zugängliche Webseiten

Webseite des Autors
www.jondrori.co.uk/80plants

Mit vielen nach Kategorien sortierten Links, u. a. zu: botanische Gärten mit besonders guten Hilfsmitteln; Pflanzen-Blogs; Bäume; Ethnobotanik, Kultur und Volkskunst; Arzneien und Drogen; Medien für Kinder; Landwirtschaft, Nutzpflanzen und ihre wilden Verwandten; Quellen zu bestimmten Ländern; populäre Botanik; Evolution; einzelne Pflanzenarten; Wirtschaftsbotanik; essbare Pflanzen; sowie eine umfangreiche Leseliste. Außerdem Links und wichtige Fachliteratur zu jeder in diesem Buch vorkommenden Art.

Encyclopedia of Life
www.eol.org

Mit einem Eintrag für jede bekannte Spezies, zahlreichen Karten und Fotos

Botanic Gardens Conservation International
www.bgci.org

Informationen von und über Botanische Gärten weltweit

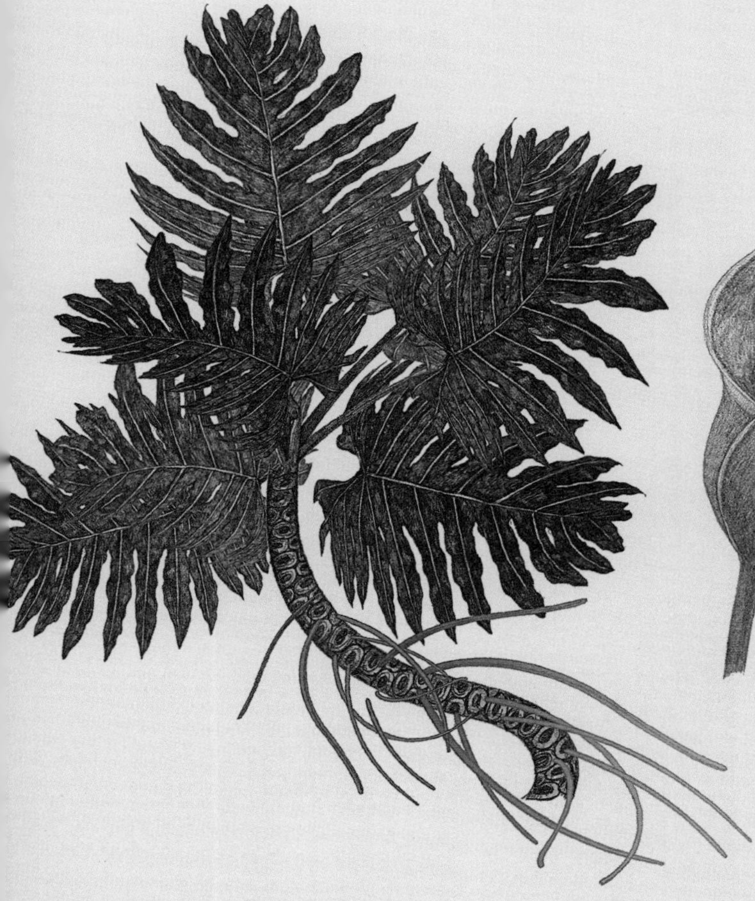

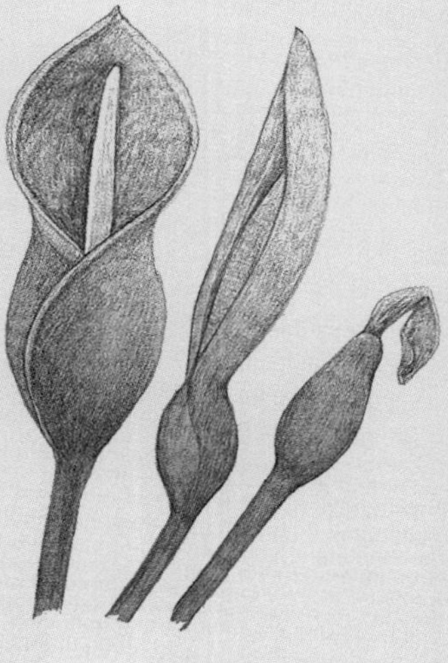

Register

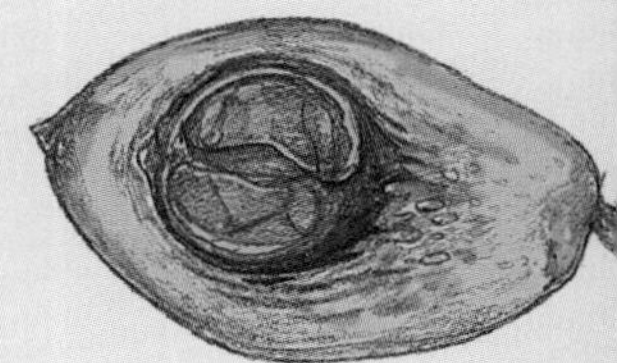

Die Illustratorin

Lucille Clerc ist eine französische Illustratorin, die nach ihrem Studium an der Pariser ENSAAMA (DSAA in Visueller Kommunikation) und am Londoner Central Saint Martins (MA in Kommunikationsdesign) ihr eigenes Atelier gründete. In erster Linie im Medienbereich tätig, realisiert sie auch Innenarchitektur- und Installationsprojekte. Zu ihren Kunden zählen Berluti, Dior, DC Comics, Farrow & Ball, Fortnum & Mason, Hôtel de Paris, Marks & Spencer, die Royal Albert Hall, das Victoria & Albert Museum, Winsor & Newton, Historical Royal Palaces und Schloss Versailles. Die meisten Werke (Zeichnungen und Siebdrucke) erschafft sie manuell. Ihre freien Arbeiten sind großenteils von London und den Wechselbeziehungen zwischen Natur und Stadt inspiriert.

Danksagung des Autors

Jeder Autor braucht einen Lektor, und Andrew Roff ist genau so, wie man es sich nur wünschen kann: einfühlsam, zugänglich, geduldig, wunderbar diplomatisch. Und lustig! Ich bewundere Lucille Clerc zutiefst. Sie stimmen mir sicher zu, dass ihre herrlichen Illustrationen den Text aufs Schönste ergänzen. Keltie Mechalski und Alberto Greco unterstützten mich bei der Suche nach passenden Bildern als Grundlage von Lucille Clercs Arbeit, und ohne Masumi Briozzo und Felicity Awdry sähe unser Buch nicht so schön und stimmig aus.

Die Mitarbeiterinnen und Mitarbeiter in Bibliothek und Archiv des Botanischen Gartens Kew (himmlische Drori-Gefilde!) waren ebenso hilfsbereit wie Caroline Kimbell von der Bibliothek der University of London. Ich danke herzlich den Experten, die freundlicherweise Zeit für die Lektüre des Manuskripts opferten: Stuart Cable, Charles Godfray, Mike Greenwood, Geoff Hawtin und Jo Osborne. Lucy Carson-Taylor, die sich im Plant Health Service der britischen Regierung so sehr für Pflanzen einsetzt, hat mich stets ermutigt und mit zahlreichen Beiträgen unterstützt. Rosanna Fairhead und Patricia Burgess lasen sorgfältig Korrektur. Alle verbliebenen Schnitzer gehen voll und ganz auf meine Kappe.

Bei meiner Zusammenarbeit mit verschiedenen Botanik- und Umweltorganisationen habe ich wunderbare, kluge Fachleute kennengelernt. Ihnen allen gelten mein Dank und meine Zuneigung.

Meine Arbeit bestand im Wesentlichen darin, die Erkenntnisse anderer wiederzugeben – der Naturwissenschaftler und Historiker, die seit Jahrhunderten gewissenhaft in ihrem jeweiligen Fachgebiet forschen und so das menschliche Wissen mehren. Ohne sie hätte dieses Buch nicht entstehen können.

Meine Frau Tracy und mein Sohn Jacob haben meine Begeisterung für die bizarre Welt der Pflanzen geduldig ertragen – und auch wenn sie es vielleicht noch nicht zugeben mögen, hat sie sogar ein wenig auf sie abgefärbt.